は　し　が　き

　本書は，三級海技士（航海）および二級海技士（航海）の免許を受けようと
している方たちを主な対象とした，「運用に関する科目」の口述試験突破のた
めの参考書です。

　過去に出題された海技士国家試験の問題を幅広く集め，さらに今後の出題が
予想される問題も加えて編集しています。各問題とも理解し易く，覚えやすい
ように，説明はできるだけ簡潔かつ平易な表現としました。

　また三級，二級のいずれを主な対象としているのかが分かるように，各問題
にマークを付しています。しかし，口述試験は実務に直結した知識が要求され
るものであり，実務と同様に三級・二級の明確な区別は難しいため，学習に当
たっては両方の知識を関連付け，しっかりと理解し覚えておく必要があること
はいうまでもありません。したがって，二級を受験しようとする場合も三級の
問題にも当たり，三級の受験においても二級の問題にも挑戦するようにして下
さい。そうすることで，単に口述試験対策としてだけでなく，これまでの勉強
の総仕上げとして大いに役立つものと思います。

　このたびの改訂においては，最近の出題傾向に鑑み内容を精査するとともに，
いくつかの問題には要点を「ポイント」として追加しています。

　本書を十二分に活用され，首尾よく栄冠を勝ち取られるよう願ってやみませ
ん。

　　2023年7月

　　　　　　　　　　　　　　　　　　　　　　　　　　　著　　者

執　筆　分　担

第 3 章　　　　堀　　　晶　彦

第 1 章・第 2 章 ⎫
　　　　　　　　⎬ 淺　木　健　司
第 4 章〜第11章 ⎭

【注】問題文に記した記号の意味は以下のとおり。
　　❸：主として三級を対象とした問題
　　❷：主として二級を対象とした問題
　　無印：三級・二級の両方を対象とした問題

目　　次

第1章　船舶の構造，設備，復原性および損傷制御

第2章　当　直

第3章　気象および海象

第4章　操　　船

第5章　船舶の出力装置

第6章　貨物の取扱いおよび積付け

第7章　非常措置

第8章　医　　療

第9章　捜索および救助

第10章　船位通報制度

付録　海技士国家試験・受験と免許の手引

第1章 船舶の構造，設備，
復原性および損傷制御

[問題] 1 船の長さ，幅，深さ，喫水の種類をあげ，説明せよ。 ❸

[解答] *1* 長 さ

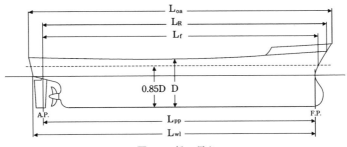

図1.1 船の長さ

(1) 垂線間長（Length between Perpendiculars：L_{pp} または L_{bp}）
　　前部垂線（F.P.）と後部垂線（A.P.）との水平距離のことであり，一般に
船の長さといえば，垂線間長のことをいう。
　　・前部垂線（Fore Perpendicular：F.P.）：計画満載喫水線と船首材の前面との交点を通る鉛直線。
　　・後部垂線（After Perpendicular：A.P.）：舵柱（Rudder Post）の後面。舵柱の無い船では舵頭材
　　　（Rudder Stock）の中心を通る鉛直線。

(2) 全長（Length over All：L_{oa}）
　　船体に固定する突出物を含めて，船首前端より船尾後端までの水平距離。

(3) 水線上長さ（Length on Waterline：L_{WL} or L_{wl}）
　　計画満載喫水線上における，船首前面より船尾後面までの水平距離。任意
の喫水線上で測った船の長さをいうことがある。

(4) 船舶法に規定する長さ（登録長さ）（Length Registered：L_R）
　　上甲板の下面において船首材の前面より船尾材の後面に至る長さで，船舶

国籍証書に記載される。

(5)　船舶構造規則に規定する長さ

　　計画満載喫水線の全長の96% または計画満載喫水線上の船首材の前端か
らだ頭材の中心までの距離のうちいずれか大きいもの。

(6)　満載喫水線規則に規定する長さ（乾舷用長さ）（Length for Freeboard：L_f）

　　最小の型深さの85% の位置における計画喫水線に平行な喫水線の全長の
96% またはその喫水線上の船首材の前端からだ頭材の中心までの距離のう
ちいずれか大きいもの。

〔注〕　船舶区画規程，船舶のトン数の測度に関する法律施行規則にも同様に規定されている。

2　幅

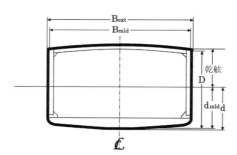

図1.2　船の幅・深さ・喫水

(1)　型幅（Moulded Breadth：B or B_{mld}）

　　船体の最も広い部分における両舷のフレーム外面間の水平距離であり，一
般に船の幅といえば型幅を指す。

〔注〕　船舶法施行細則，船舶構造規則，満載喫水線規則，船舶区画規程，船舶のトン数の測度に
　関する法律施行規則に規定されている幅もこれと同様である。

(2)　全幅（Extreme Breadth：B_{ext}）

　　船体の最も広い部分における外板の外面から反対舷の外板外面までの水平
距離。

3　深　さ

(1)　型深さ（Moulded Depth：D or D_{mld}）

　　垂線間長の中央においてキール上面から上甲板ビームの船側における上面
までの垂直距離。

〔注〕　船舶法施行細則，船舶構造規則，満載喫水線規則，船舶区画規程，船舶のトン数の測度に
　関する法律施行規則に規定されている深さもこれと同様である。

(2)　乾舷用深さ（Depth for Freeboard：D_f）

　　船の中央における型深さに，船側における乾舷甲板の厚さを加えたもの。

4　喫　水

(1)　喫水標喫水（Draft on Draught Mark：d）

　　任意の載貨状態において，キール下面から水面までの垂直距離。喫水標

　（Draught Mark）で読み取る喫水。

(2)　型喫水（Moulded Draught：d_{mld}）

　　任意の載貨状態において，キール上面から水面までの垂直距離。

(3)　満載喫水（Full Load Draught）

　　満載状態において，キール下面から水面までの垂直距離。

　【ポイント】　型幅，型深さ，型喫水は船体を形づくるフレーム，ビーム，フロア等の骨材の外面

　間の寸法であると理解できる。

━━━━━━━━━━━━━━━━━━━━━━━━━━━━━━━ 船 の ト ン 数

問題　**2**　船のトン数にはどのようなものがあるか。　　　　❸

　解答　**1**　国際総トン数（International Gross Tonnage）

　　主として国際航海に従事する船舶について，その大きさをあらわすために

　用いられるトン数である。

　　閉囲場所の合計容積を m^3 であらわした数値から，除外場所の合計容積を

　m^3 であらわした数値を控除して得た数値に，当該数値を基準として国土交

　通省令で定める係数を乗じて得た数値に「トン」を付してあらわされる。

2　総トン数（Gross Tonnage：GT）

　　わが国における海事に関する制度において，船舶の大きさをあらわすため

　に用いられるトン数である。

　　国際総トン数の数値に，当該数値を基準として国土交通省令で定める係数

　を乗じて得た数値に「トン」を付してあらわされる。

3　純トン数（Net Tonnage：NT）

　　旅客または貨物の運送の用に供する場所とされる船舶内の場所の大きさを

　あらわすために用いられるトン数である。

　　次の数値を合算した数値に「トン」を付してあらわされる。

(1)　貨物積載場所に関わる容積を m^3 であらわした数値に，国土交通省令で

　　定める係数を乗じて得た数値

(2) 旅客定員の数および国際総トン数の数値を基準として国土交通省令で定めるところにより算定した数値

4　排水トン数（排水量）（Displacement Tonnage：Disp.）

<u>船舶の全重量をあらわす。</u>アルキメデスの原理により，船が水に浮かんだときに，船体によって排除される水の重量に等しい。

(1) 満載排水量

比重1.025の水面において，満載喫水線に至るまで人または物を積載するものとした場合の船の排水量。

(2) 軽荷重量

ほぼ船舶の自重をあらわし，人，荷物，燃料，潤滑油，バラスト水，タンク内の清水およびボイラ水，消耗貯蔵品，旅客および乗組員の手回り品を積載しないものとした場合（軽荷状態）の船の排水量をいう。

5　載貨重量トン数（Deadweight Tonnage：DWT）

<u>船舶に積載するものの総重量をあらわす。</u>満載排水量から軽荷重量を引いたものである。

6　載貨容積トン数（Measurement Tonnage）

船倉および特殊貨物倉の容積を，$40ft^3$を1トンとしてあらわしたもの。その測定範囲により次の2種に分かれる。

(1) グレーン・キャパシティ（Grain Capacity）

ばら積み貨物に対する容積で，船倉内の各ビーム間，各フレーム間の容積も全部算入したもの。

(2) ベール・キャパシティ（Bale Capacity）

包装貨物に対する容積で，船倉内の各ビーム間，各フレーム間の容積，ピラーやパイプ等の倉内障害物の容積は控除される。

〔注〕　近年では，上記(1)(2)をトン数表示せず，単にその容積を ft^3 や m^3 であらわす。

7　特殊なトン数

(1) パナマ運河トン数（Panama Canal Tonnage）

(2) スエズ運河トン数（Suez Canal Tonnage）

各運河のトン数測度規則によって測度される運河通航料算定の基準となるトン数である。

【ポイント】　船のトン数は，下記のように分類できる。

a) 重量を基に算出されるトン数

排水トン数（排水量），載貨重量トン数

b)　容積を基に算出されるトン数

国際総トン数，総トン数，純トン数，載貨容積トン数

────────────────────────────── 満 載 喫 水 線

問題　3　満載喫水線標識を図示せよ。また，「満載喫水線を示す線」において，S，F，T等の各記号は何を示しているか。　　　❸

[解答]　遠洋区域または近海区域を航行区域とする船舶に表示しなければならない満載喫水線標識を下記に示す。

「満載喫水線を示す線」におけるS，F，T等の各記号は，気象・海象を考慮して定められた帯域を示し，船舶が該当する帯域を航行する場合は，各記号が示す線の上縁が適用される満載喫水線となる。各記号が示す帯域は以下のとおりである。

　TF: 熱帯淡水満載喫水線（Tropical Fresh Water）
　F ：夏期淡水満載喫水線（Fresh Water）
　T ：熱帯満載喫水線（Tropical）
　S ：夏期満載喫水線（Summer）
　W：冬期満載喫水線（Winter）
　WNA: 冬期北大西洋満載喫水線（Winter North Atlantic）

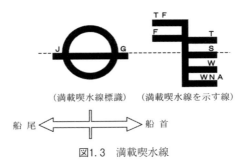

図1.3　満載喫水線

── シャー
問題 4 シャー（Sheer）とは何か。

（解答）　上甲板の舷側線は，船の長さの中央部が最低で，船首尾に行くにつれ高くなるような曲線を描く。この反りをシャー（舷弧）という。その程度は一般に，中央部の最低点において満載喫水線に平行に引いた線とF.P., A.P. における上甲板との垂直距離であらわす。舷弧は凌波性を向上させるとともに前後部の予備浮力を増し，船の外観を整える効果がある。

── キャンバ
問題 5 キャンバ（Camber）とは何か。

（解答）　甲板の横断面形状は中央部を高くしたかまぼこ状にしており，これをキャンバという。その程度は，船体中心線上の盛り上がりの高さであらわす。キャンバは，甲板の水はけを良くする効果がある。

──────────────────────────────────── 水密横隔壁
問題 6 水密横隔壁の役割と設置場所について説明せよ。 ❸

（解答）　**1　役　割**
・座礁や衝突により浸水した場合，浸水区画を局限する。
・火災発生時において，損害を局限する。
・積載貨物の積み分けができる
・主要な横強度材となる。

2　設置場所
船首隔壁，船尾隔壁，機関室隔壁，倉内隔壁

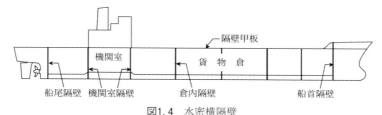

図1.4　水密横隔壁

━━━━━━━━━━━━━━━━━━━━━━━━━━━━━━━━ コファダム

問題　7　コファダム（Cofferdam）とは何か。　　❸

〔解答〕　燃料油や潤滑油，清水を積むタンク等の隣接する2つの区画間に設けられたスペース（空所）で，損傷などによって油や水が他のタンクに浸入するのを防ぐ。

━━━━━━━━━━━━━━━━━━━━━━━━━━━━━━━━ 船体の構造様式

問題　8　船体の構造様式にはどのようなものがあるか。　　❸

〔解答〕　船体の構造様式には，「横ろっ骨式構造（横式構造）」「縦ろっ骨式構造（縦式構造）」「混合ろっ骨式構造（縦横混合式構造）」がある。

1　横ろっ骨式構造（横式構造）

　　甲板や外板を補強する骨材であるビーム，フレーム，フロア等の横強度材を前後方向に短い間隔で配置し，縦強度については，ガーダ等の縦けたを配置することで保持する構造。

　　ビームやフレーム等の寸法があまり大きくないため，倉内を広く利用できる利点があるが，縦強度に対してはこれらの骨材が効かないという欠点がある。

2　縦ろっ骨式構造（縦式構造）

　　甲板や外板を補強する骨材を主に縦方向（前後方向）に配置し，横強度については，横隔壁間に大型の横けたで形作られる枠組みを2～3カ所配置することで維持する構造。縦強度が強く，横式構造より外板や甲板を薄くでき，また，船体のブロック建造には横式構造より適している。その一方で，貨物倉内に大きな桁が突出するため，それらの存在が貨物積載上支障を来たす船種には不向きである。したがって，鉱石船や油タンカーに採用されている。

3　混合ろっ骨式構造（縦横混合式構造）

　　横ろっ骨式構造と縦ろっ骨式構造の両者の利点を取り入れた構造である。縦強度上重要な上甲板と船底は縦式構造とし，船側は横式構造としたもの。前後方向に配置された骨材は，船体下部においては二重底内に収められるため，倉内に大きな桁が突出せず，包装貨物の積載においても不便はない。それでいて縦強度は横ろっ骨式構造より優れているため，一般貨物船や鉱石船以外のばら積み船等多くの船種に採用されている。

横ろっ骨式構造　　　　　縦ろっ骨式構造　　　　　混合ろっ骨式構造

図1.5　船体の構造様式

─── 横　強　度　材

問題　9　主な横強度材を列挙せよ。　　　　　　　　　　　　　　　　　　　❸

[解答]　主要横強度材を下表に示す。同様の役割を担うものであっても，構造様式により名称が異なることに注意を要する。

		横ろっ骨式構造	縦ろっ骨式構造	混合ろっ骨式構造
主要横強度材	横隔壁 (transverse bulkhead)	○	○	○
	フレーム〔ろっ骨〕 (frame)	○		○
	ビーム〔はり〕 (beam)	○		
	フロア〔ろく板〕 (floor)	○	○	○
	デッキトランス〔甲板横けた〕 (deck transverse)		○	
	サイドトランス〔船側横けた〕 (side transverse)		○	
	ボトムトランス〔船底横けた〕 (bottom transverse)		○	○
	バーチカルウェブ〔竪けた〕 (vertical web)		○	○

〔　〕は，慣用語

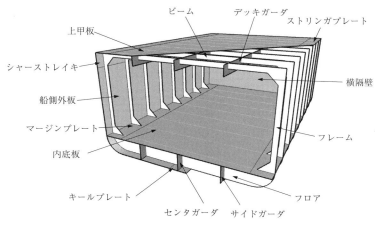

図1.6　主要強度材（横ろっ骨式構造）

問題　10　主な縦強度材を列挙せよ。　　　❸

解答　主要縦強度材を下表に示す。

		横ろっ骨式構造	縦ろっ骨式構造	混合ろっ骨式構造
主要縦強度材	キールプレート〔平板竜骨〕 （keel plate）	○	○	○
	外板 （shell plating）	○	○	○
	上甲板 （upper deck）	○	○	○
	内底板 （inner bottom plating）	○	○	○
	マージンプレート〔縁板〕 （margin plate）	○	○	○
	ガーダ　センタガーダ〔中心線けた板〕 （centre girder）	○	○	○
	サイドガーダ〔側けた板〕 （side girder）	○	○	○
	デッキガーダ〔甲板縦けた〕 （deck girder）	○	○	○

縦フレーム	船底縦フレーム〔船底縦ろっ骨〕 (bottom longitudinal)		○	○
	内底縦フレーム〔内底板縦ろっ骨〕 (inner bottom longitudinal)		○	○
	船側縦フレーム〔船側縦ろっ骨〕 (side longitudinal)		○	
甲板縦ビーム (deck longitudinal)			○	○
縦通隔壁 (longitudinal bulkhead)			○	○

〔　〕は，慣用語

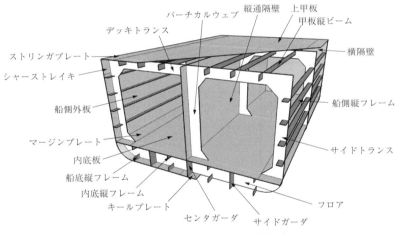

図1.7　主要強度材（縦ろっ骨式構造）

━━━━━━━━━━━━━━━━━━━━━━━━━━━━━━━　フ　レ　ー　ム

問題　**11**　フレームとは何か。その役割をのべよ。フレーム番号はどのように
付けられているか。　　　　　　　　　　　　　　　　　　　　　　　　❸

解答　**1**　フレーム

　　船側外板内側に上下方向に設けられた骨材で，甲板ビームやフロアととも
に船の横強度を保つ重要な枠組を構成する。外板と結合して水圧等の外圧に
対抗し，また甲板の重量を支える。

2　フレーム番号

　各フレームには，その前後位置を特定するために一連のフレーム番号が付されている。その付け方は，後部垂線（A.P.）の位置にあるフレームを0番とし，前方に向かって順次，1，2，3，・・・・とする。なお，A.P.より後方については，順次，-1,-2,-3,・・・とする。なお，縦ろっ骨式構造の場合は，各フロアに対して同様の番号が付けられる。

━━━━━━━━━━━━━━━━━━━━━━━━━━━━━━━━ ビ ー ム

問題　12　ビームとは何か。その役割をのべよ。　　❸

(解答)　甲板の下面に横方向に配置された骨材で，両舷のフレームや船底のフロアとともに横強度を保つ重要な枠組を構成する。甲板と結合して甲板上の荷重を支える。

━━━━━━━━━━━━━━━━━━━━━━━━━━━━━ 船首部の構造

問題　13　船首部の構造について説明せよ。

(解答)　船首部において，最下層の甲板より下で船首隔壁より前方には，トリム調整のための船首水槽（フォア・ピーク・タンク）が配置されている。

　船首部は，荒天中を前進する場合に，パンチングおよびスラミングといった，船首および船底に対する波浪による衝撃力に耐えるため，以下のように特に補強されており，これを船首パンチング構造という。

1　基本的な構造

・フレームスペースを小さくして外板を補強するとともに，外板の厚みを増す。
・船底部は，二重底のフロアより深さの深いディープフロアを設け，これにフレームを連結する。
・最下層の甲板とディープフロア間には，水平に2～3条のパンチングストリンガを配置し，その下部はフレーム1本おきにパンチングビームを入れ両舷のフレームを連結する。
・船首材の内側には，水平の補強板であるブレストフックを，パンチングストリンガの位置およびその間に数枚入れる。

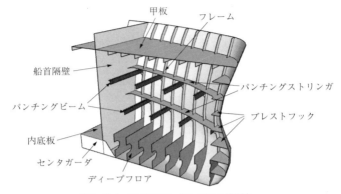

図1.8(1)　船首構造（基本的な構造）

2　近年の構造

(1)　横ろっ骨式構造（横式構造）

・フレームスペースを小さくして外板を補強するとともに，外板の厚みを増す。

・船底部は，二重底のフロアより深さの深いディープフロアを設け，これにフレームを連結する。

・最下層の甲板とディープフロア間には，水平に2～3条のパンチングフラットを配置し，その下部は各フレームの位置でパンチングビームを入れ両舷のフレームを連結する。

・船首材の内側には，水平の補強板であるブレストフックを，パンチングフラットの位置およびその間に数枚入れる。

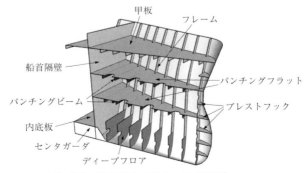

図1.8(2)　船首構造（横ろっ骨式構造）

(2)　縦ろっ骨式構造（縦式構造）

　　タンカーやばら積み船のように縦ろっ骨式構造の船の場合には，ブレスト
フックを設ける代わりに船側縦フレームを延長させ，以下のような縦ろっ骨
式構造で補強される。

・船首部まで延長した両舷の船側縦フレームを，船首端で連結する。

・最下層の甲板より下部には，大型のパンチングストリンガを水平方向に2
　～3条配置し，両舷をストラットで連結する。

・船首部の横断面は，サイドトランス，デッキトランス，ボットムトランス
　で強固な枠組を形成し，中間にはストラットを配置して，両舷のサイドト
　ランスを連結する。

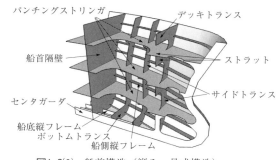

図1.8(3)　船首構造（縦ろっ骨式構造）

―――――――――――――――――――――――――――――**船尾部の構造**

問題　**14**　船尾部の構造について説明せよ。

(解答)　船尾には，操舵機室，船尾水槽（アフト・ピーク・タンク）およびス
ターン・チューブの冷却水槽が配置されている。

　　船尾部は，後方からの追い波や縦動揺による衝撃，プロペラの回転に起因
する力や振動に耐えるため補強されている。これを船尾パンチング構造とい
う。

・鋼板または鋳鋼材でスターンフレームを構成し，舵およびプロペラを支え
　る。

・船尾部下部は，二重底のフロアより深さの深いディープフロアを設ける。

・フレームスペースを小さくし外板を補強する。

・スターンチューブより上部は，水平にパンチングストリンガまたはパンチ
　ングフラットを設け，その下部はパンチングビームを入れて両舷のフレー
　ムを連結する。
・この部分の外板は厚くする。

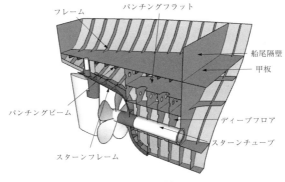

図1.9　船尾構造

———————————————————————————————————— 二　重　底

問題　**15**　二重底の構造およびその効用について説明せよ。

解答　**1　構　造**

　　二重底は，主に船底外板，内底板，マージンプレート，フロア，ガーダ，
ブラケットを基本に構成され，その構造は，横式と縦式とに分けられる。

(1)　横式構造

　　二重底内の部材は，センタガーダやサイドガーダ以外は，横方向に配置さ
れる。2〜3フレームごとにソリッドフロア（実体フロア）を設けるが，こ
の場合，サイドガーダはフロア板により断接される。ソリッドフロアを設け
ない位置には，必ずオープンフロア（組立フロア）を設ける。オープンフロ
アは，内底板および船底外板の内側に横方向に配置された上下のフレームと，
これらを結ぶストラットおよびブラケットにより構成される。

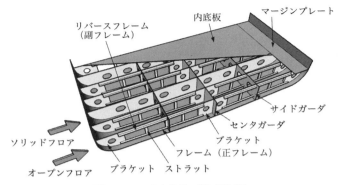

図1.10　二重底構造（横式構造）

(2) 縦式構造

　　センタガーダおよびサイドガーダに加え，内底縦フレームや船底縦フレームを，それぞれ内底板や船底外板内側に配置し，縦強度を増した構造としている。フロアは，2〜3フレームごとにソリッドフロア（実体フロア）を設け，オープンフロア（組立フロア）については，センタガーダとマージンプレートに取り付けられるブラケットのみとしている。また，必要に応じて，上下の縦フレームを結ぶストラットを設ける。

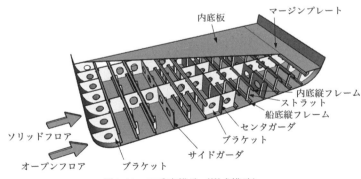

図1.11　二重底構造（縦式構造）

2　効　用

・座礁時に船底外板が破損した場合においても，その内側に設けられた内底

板により，浸水が船内に及ぶことを防止できる。
・二重底内はいくつかに仕切り，燃料油，潤滑油，清水，バラスト水用のタンクとして利用できる。
・船体強度（横強度，縦強度，局部強度）に寄与する。

マージンプレート

問題 16 マージンプレートが設けられている場所および役割をのべよ。 ❸

解答　二重底構造において，内底板の左右端を外板に接合させる鋼板をマージンプレート（縁板）という。内底板とともに二重底の水密を保持する。

従来は，内底板の左右端を折り曲げてビルジ外板に直角になるよう斜めに配置されていたが，最近の船では内底板の全長にわたり水平に延ばされる。

（図1.10，図1.11参照）

ビルジキール

問題 17 ビルジキールとは何か。その役割をのべよ。 ❸

解答　ビルジキールは，船の長さの中央部付近において船底湾曲部（ビルジ外板）に前後方向に取り付けられたプレートで，船の横揺れを軽減する役割がある。ビルジキールは船体から突出しているため，損傷を受けやすく，損傷が外板にまで及ぶことがないよう強固な構造とはなっていない。したがって縦強度材ではない。

ハッチコーミング

問題 18 ハッチコーミングの構造を説明せよ。 ❸

解答　ハッチコーミングとは，ハッチ開口部の甲板の補強およびハッチの水密を保つために設けられた開口部の周縁を縁取る板材をいう。

ハッチコーミングは，甲板上にあっては波浪の浸入を防止するため，一定の高さを有することが求められる。甲板下部分の内，船の前後方向に平行な「ハッチサイドコーミング」については，デッキガーダの一部として強固に連結され，左右方向に平行な部分である「ハッチエンドコーミング」は，デッキトランスやハッチエンドビーム等の大型骨材に固着されている。

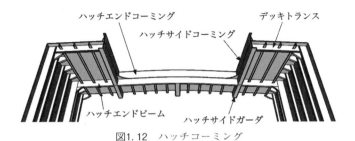

ハッチエンドコーミング　　　　デッキトランス

ハッチサイドコーミング

ハッチエンドビーム　　　ハッチサイドガーダ

図1.12　ハッチコーミング

――――――――――――――――――――――――――――――――― 船 体 用 鋼 材

問題　19　船体に使用されている圧延鋼材の鋼種にはどのようなものがあるか。

解答　鋼塊をローラで圧延し，船体構造材に適する形状にしたものを圧延鋼材といい，以下のように分類される。さらに，引張強さ等の機械的性質，試験時の温度等により細分され，鋼材のグレードが決められている。

1　**化学成分による分類（引張り強さによる分類）**

(1)　軟鋼（**Mild Steel**）：粘り強さ（靭性）に優れ，加工や溶接が容易であるため，最も多く用いられている。

(2)　高張力鋼（**High Tensile Steel**）：軟鋼に比べ引張強さが10〜60％程度も強く，船体の主要構造材に用いると板厚を減らすことができるので，船体重量の軽減につながる。

2　**脱酸の程度による分類**

(1)　リムド鋼（**Rimmed Steel**）：脱酸処理の程度が低い鋼で，靭性に乏しく低温で脆性破壊を起こしやすい。

(2)　キルド鋼（**Killed Steel**）：完全に脱酸した鋼で，靭性に優れ低温でも脆性破壊を起こしにくい。

(3)　セミキルド鋼（**Semi-killed Steel**）：リムド鋼とキルド鋼の中間程度の脱酸を行った鋼。

〔注〕　船体用圧延軟鋼としては，鋼板，形鋼（逆付山形鋼，溝形鋼等），棒鋼（丸棒，半丸鋼），組立形鋼等，種々の断面形状のものが用いられている。

━━━━━━━━━━━━━━━━━━━━━━━━━━━━━━━ 亜　鉛　板

問題　**20**　船体に取り付けられた亜鉛板の役割について説明せよ。　　❸

━━━━━━━━━━━━━━━━━━━━━━━━━━━━━━━━━━━━━━━

〔解答〕　銅系の合金でできているプロペラ等と鋼材でできている船体外板等とは，海水を電解液として一種の電池を形成するため，放置すると鋼板が消耗腐食（電食）する。これを防止するため，亜鉛板は鋼材よりも電食されやすいのでそれ自身を身代わりに消耗させ，船体の鋼材を保護する目的で船体に取り付けられている。

━━━━━━━━━━━━━━━━━━━━━━━━━━━━━━━ 船 体 外 板

問題　**21**　船体中央部横断面における外板の名称をあげよ。そのうち，最も厚いものはどれか。　　❸

━━━━━━━━━━━━━━━━━━━━━━━━━━━━━━━━━━━━━━━

〔解答〕　船底部船体中心下部より順に，キールプレート，船底外板，ビルジ外板，船側外板，シャーストレイキ（舷側厚板）と呼ばれる。キールプレートは，その役割が元々は外板とは異なるが，現在のプレートキールを有する船では，外板の一部を形成している。最も厚い外板はキールプレートまたは舷側厚板である。

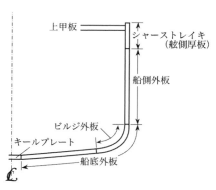

図1.13　外板の名称

外 板 展 開 図

問題 **22**　外板展開図とは何か。外板の記号はどのように付けられているか。

(解答)　外板展開図とは，外板を構成する鋼板等の配置を示した図面で，外板やそれに接続する骨材の配置，鋼材のグレードや厚み等が記載されている。

外板を構成する各鋼板には，その位置を特定するために記号が付され，外板展開図にはそれらが記載される。記号は，キールプレートを「K」として，外側へ向かい順に「A」「B」「C」・・・と付け，シャーストレイキ（舷側厚板）には「S」が付される。

鋼 板 の 継 手

問題 **23**　シーム，バットとは何か。

(解答)　船体外板や甲板等における鋼板の継手のことで，船の縦方向（前後方向）の継手を「シーム（Seam）」，横方向（左右，上下方向）の継手を「バット（Butt）」という。

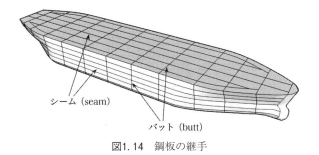

シーム（seam）

バット（butt）

図1.14　鋼板の継手

一 般 配 置 図

問題 **24**　船の図面でG. A. とは何か。

(解答)　G. A. とは，「一般配置図（General Arrangement）」を指す。一般的に，船全体の側面図と各甲板の平面図とからなり，船倉やタンク，機関室，船室等の配置のほか，煙突，マスト，荷役設備等の艤装についても，正確に縮尺して明示されている。正面図が描かれている場合もある。

━━━━━━━━━━━━━━━━━━━━━━━━━━━━━びょう鎖のシャックルマーク

問題　25　びょう鎖 1 節の長さはいくらか。びょう鎖のシャックルマークはどのように付けるか。　　　　　　　　　　　　　　　　　　　　　　　　　　　❸

━━

解答　**_1_　びょう鎖 1 節の長さ**

　びょう鎖の一端におけるエンドリンクの内側外端から他端におけるエンドリンクの内側外端までを 1 節といい，その長さは，27.5m または25m を標準としている。ただし，ジョイニングシャックルまたはケンタシャックルを含む長さとしてもよい。

_2_　シャックルマーク

1.　ジョイニングシャックルの場合

　　該当するジョイニングシャックルの両側にあるエンラージドリンクを起点として，順次その節数分だけずらしたリンクのスタッドにワイヤーまたはステンレスバンドを巻き付け，そのリンクを白色塗装する。第10節までは同じ要領でマークを付すが，第11節からは再び第 1 節に付けた要領でマークする。

2.　ケンタシャックルの場合

　　ケンタシャックルの両側のコモンリンクを起点として該当する節数分だけずらしてマークしていく。

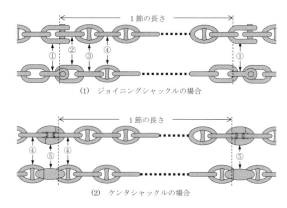

(1)　ジョイニングシャックルの場合

(2)　ケンタシャックルの場合

①ジョイニングシャックル　　②エンドリンク　　③エンラージドリンク
④コモンリンク　　　　　　　⑤ケンタシャックル

図1.15　1 節の長さ

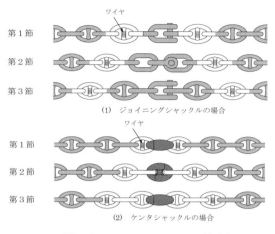

第1節

ワイヤ

第2節

第3節

(1)　ジョイニングシャックルの場合

第1節

ワイヤ

第2節

第3節

(2)　ケンタシャックルの場合

図1.16　シャックルマークの付け方

───────────────────────────────────── びょう鎖の保守

問題　26　入渠中におけるびょう鎖の点検および手入れについてのべよ。　❸
───

(解答)　びょう鎖を全部渠底に繰り出し，以下の点検および手入れを行う。

・テストハンマーでリンクやスタッドを叩いて音を聞き，亀裂やスタッドに
　ゆるみがないか点検する。

・びょう鎖の径を測定し，腐食や摩耗の程度を検査する。摩耗の許容限度は，
　びょう鎖の原径の10％程度である。

・シャックルを解放してピンのゆるみがないか点検し，必要があるものにつ
　いては取り替える。

・びょう鎖全体を高圧水にて洗浄し，発錆箇所については錆打ちをする。ま
　た必要に応じ，びょう鎖全体のサンドブラストを行う。

・洗浄や錆打ち後は，錆止めを施し塗装しておく。塗装はシャックルマーク
　の再塗装も行う。

・びょう鎖は，アンカーに近い方が摩耗が速いため，根付けに近い摩耗の少
　ないものと振り替えを行う。なお，振り替えた場合は，何連目をどのよう
　に振り替えたかを記録しておく。

〔注〕　サンドブラスト：高圧空気と一緒に砂や金属粉を吹き付け，鋼板等の錆落としや旧塗装の
　　剥離，塗装前の下地処理を行う作業。

== 入　渠　準　備

問題 **27**　入渠の準備作業についてのべよ。

〔解答〕　・船倉やカーゴタンクは空にして清掃し，カーゴタンクはガスフリー
　　状態にしておく。
・船の航行に不安を来さない程度にバラストの排水を行う。
・船の姿勢を横傾斜がない直立状態にし，ドックが指示したトリムに調整し
　　ておく。
・船底プラグ，音響測深機およびログの送受波器位置等，入渠に当たって特
　　に必要がある事項については，事前にドックへ通知しておく。
・舷外の突出物はすべて振り込み，フェンダーを舷側の適当な位置に配置する。
・両舷船首のいかりの投下準備をする。

=== ドライドック注水前の注意

問題 **28**　ドライドックに注水開始前に，本船側で確認すべき事項をあげよ。

〔解答〕　・船底プラグがすべて閉鎖されており，その上をセメントで塗り固め
　　られていること。
・各タンクのマンホールが確実に閉鎖されていること。
・外舷の開口部が閉鎖されていること。
・船底部および水線部の修理箇所がすべて完了していること。
・亜鉛板や音響測深機の送受波器面等，塗装不要箇所に塗料が塗布されてい
　　ないこと。
・船底塗料の塗り残しがないこと。
・船が浮上したとき，直立状態でかつ適切なトリムとなるよう搭載物やバラ
　　スト等が調整されていること。

== 船　底　塗　料

問題 **29**　鋼船に用いられる船底塗料に関して，使用目的から見た種類につい
　てのべよ。 ❸

〔解答〕　船底塗料は，水線付近より下部の船側および船底の外板に，腐食や生

物付着の防止を目的として塗装されるもので，次の種類がある。

1　船底塗料1号（A/C：Anti-corrosible Paint）

　錆止めを目的とした下塗り用の塗料。その上に塗られる船底塗料2号から船体を保護する役割もある。

2　船底塗料2号（A/F：Anti-fouling Paint）

　生物付着防止を目的とした上塗り用の塗料で，船底塗料1号の上に塗装する。

3　船底塗料3号（B/T：Boot Topping Paint）

　水線部の防汚および耐候性を目的とした上塗り用の塗料で，船底塗料1号の上に帯状に塗装する。

━━━━━━━━━━━━━━━━━━━━━━━━━━━━ 浮　　　心

問題　30　浮心とは何か。浮面心とは何か。浮面心上に貨物を積むと船はどうなるか。　❸

───────────

解答　1　浮　心

　浮力の作用点を浮心といい，排水容積（水面下の容積）の中心に位置する。したがって浮心の位置は，船の傾斜や沈下および浮上により，排水容積の形状が変化すると移動する。

2　浮面心

　水線面の中心を浮面心という。船の排水容積を変えることなくわずかに傾斜させた場合，新しい水線面の浮面心と元の水線面の浮面心は一致する。いい換えれば，船をシーソーに例えると，浮面心はその支点に相当するものであり，浮面心上に貨物を積んだ場合，船のトリムは変化せず，船は平行に沈下する。

━━━━━━━━━━━━━━━━━━━━━━━━ 横メタセンタ

問題　31　横メタセンタとは何か。実船において横メタセンタの位置はどのようにして求めるか。　❸

───────────

解答　直立時の浮力の作用線と，小角度横傾斜した場合の浮力の作用線との交点を横メタセンタといいMであらわす。小角度傾斜においては，浮力の作用線は傾斜角度に関係なく一定点であるこの点を通る。

　横メタセンタの位置は，実船においては，喫水を基に排水量等曲線図

（Hydrostatic Curves）または排水量等数値表（Hydrostatic Table）から求める。

━━━━━━━━━━━━━━━━━━━━━━━━━━━━━━━━━━━━ G　　　M

問題　32　*GM* とは何か。船が小角度横傾斜した場合の，横メタセンタ，重心，浮心の関係を図示して説明せよ。　　　　　　　　　　　　❸

（解答）　船体重心（*G*）と横メタセンタ（*M*）との距離を *GM* という。船が小角度横傾斜した場合の，横メタセンタ（*M*），重心（*G*），浮心（*B*）の関係は次図のとおり。

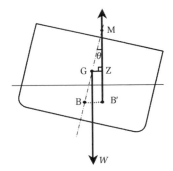

図1.17　重心，浮心，横メタセンタ

━━━━━━━━━━━━━━━━━━━━━━━━━━━━━━━━━━━━ 復　原　力

問題　33　復原力とは何か。復原力をあらわす式をのべよ。　　　　❸

（解答）　船が風や波等の外力の影響を受け傾斜した場合に，元の直立状態に戻るのに必要なモーメントを復原力（静的復原力）といい，以下の式であらわされる。

$$復原力 = W \cdot GZ$$
（*W*: 船の排水トン数，*GZ*: 復原てこ）

━━━━━━━━━━━━━━━━━━━━━━━━━━━━━━━━━━━━ 初 期 復 原 力

問題　34　*GM* と復原力の関係をのべよ。　　　　　　　　　❸

（解答）　船体の横傾斜角度が小さい場合，浮力の作用線は常に横メタセンタ

（*M*）を通るため，復原てこ（*GZ*）は，　$GZ = GM \cdot \sin\theta$　となる。この場合の復原力を「初期復原力」といい，次式であらわされる。

$$初期復原力 = W \cdot GM \cdot \sin\theta$$

（*W*：船の排水トン数，*GM*：横メタセンタ高さ，θ：船体の横傾斜角度）

━━━━━━━━━━━━━━━━━━━━━━━━船体の釣り合い

問題 35 船が横傾斜した場合の『安定』『不安定』『中立』の釣り合いを図示して説明せよ。　❸

解答 『安定』『不安定』『中立』の3つの釣り合いは，横メタセンタ（M）と船体重心（G）の位置関係で決まり，それぞれ次表に示す状態となる。

	安定な釣り合い	中立な釣り合い	不安定な釣り合い
状　況	元の直立状態に起き上がろうする。	それ以上傾斜しようとも起き上がろうともしない。	ますます傾斜が大きくなる。
重力と浮力の作用線の位置関係	重力の作用線は浮力の作用線より内側にある。	重力の作用線と浮力の作用線は一致する。	重力の作用線は浮力の作用線より外側にある。
GとMの位置関係	GはMより下方にある。	GとMは同じ位置にある。	GはMより上方にある。
GMの符合	正（GM＞0）	零（GM＝0）	負（GM＜0）

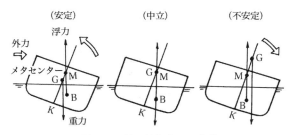

図1.18　船の釣り合いの状態

【ポイント】 図示する場合は，浮心（B）を起点とする浮力の作用線を描きMの位置を決めた後に，船体重心（G）を描くこと。

自 由 水 影 響

問題　**36**　自由水影響とは何か。自由水影響を少なくするにはどのようにすれ
ばよいか。

(解答)　タンク内に半載状態にある水や油のように，自由に移動できる表面を
有する液体のことを「自由水」または「遊動水」という。これが船内にある
場合，船の傾斜に伴い液体も移動するため，復原力を低下させる。この現象
を「自由水影響」という。

　　具体的には，自由水の移動により G から G' に移った船体重心を，見かけ
上 G_0 に上昇したと考え，その場合の GM の減少量 GG_0 を自由水影響として
加味する。

　　GG_0 は次式であらわすことができる。

$$GG_0 = \frac{\gamma_0 \cdot i}{W}$$

（W：船の排水量，　γ_0：自由水の比重量，　i：自由表面の慣性モーメント）

　　自由水影響を抑制するためには，自由表面を無くすようにタンク内を液体
で満たすか，空にする。または，上式の i が小さくなるように，タンクを縦
方向に制水板により仕切る。

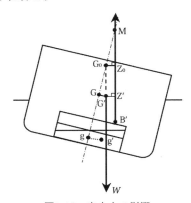

図1.19　自由水の影響

━━━━━━━━ 復 原 力 曲 線

問題　37　復原力曲線について説明せよ。　❷

─────────────────────────────────────

　(解答)　船の横傾斜に伴い，復原力がどのように変化するのかをあらわしたグラフを「復原力曲線」いう。一般的には，横軸に「船の横傾斜角：θ」をとり，縦軸には各傾斜角度に対する「復原てこ：GZ」を示す。

　原点において，復原力曲線（縦軸に「復原てこ」を示した曲線）の接線をひき，この接線と傾斜角 θ が1ラジアン（57.3°）のところに立てた垂線との交点までの高さ（距離）は，その船の横メタセンタ高さ（GM）をあらわす。

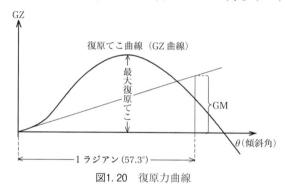

図1.20　復原力曲線

━━━━━━━━ 横 揺 れ 周 期

問題　38　横揺れ周期と GM の関係についてのべよ。GM を変化させないで船の横揺れ周期を変えるにはどこに貨物を積載するか。

─────────────────────────────────────

　(解答)　船の固有横揺れ周期（T_R）と GM には，以下の関係がある。

$$T_R = \frac{2.01k}{\sqrt{GM}} \quad （秒）\cdots\cdots\cdots(1)$$

k は，船の環動半径と呼ばれ，船幅 B に比例すると考えられる。いま，平均的な値として，$k = 0.4B$（m）とすると，

$$T_R = \frac{0.8B}{\sqrt{GM}} \quad （秒）\cdots\cdots\cdots(2)$$

となり，これは GM と横揺れ周期の関係を示す略算式である。

　GM を変化させないで船の横揺れ周期を変えるには，式(1)の k を変えればよ

く，同一高さに複数の貨物を積載する場合は，船体中心線から離れた位置に積載した方が k は大きくなり，横揺れ周期も長くなる。

――――――――――――――――――――――――――――― GMの求め方

問題　39　実船における GM の求め方をのべよ。

解答　*1*　**重量重心計算による方法**

　　船内の重量配置から重心位置（KG）を算出し，次式から GM を求める。

$$GM = KM - KG$$

$\left(\begin{array}{l} KM：\text{キール上面（}K\text{）から横メタセンタ（}M\text{）までの距離。} \\ \qquad\quad\text{喫水を基に排水量等数値表（Hydrostatic Table）から求まる。} \end{array} \right)$

2　**傾斜試験による方法**

　　船上にある重量を横移動させ，船体が横傾斜したときの傾斜角度を計測して，次式より GM を求める。

$$\tan \theta = \frac{w \cdot d}{W \cdot GM}$$

$\left(\begin{array}{l} w：\text{移動重量} \\ d：\text{重量 } w \text{ の正横移動距離} \\ W：\text{船の全重量（排水トン数）} \\ \theta：w \text{ 移動後の横傾斜角度} \end{array} \right)$

3　**動揺試験による方法**

　　船の固有横揺れ周期を計測して，次式のいずれかより GM を求める。

$$T_R = \frac{0.8B}{\sqrt{GM}} \quad \text{または，} \quad T_R = \frac{2.01k}{\sqrt{GM}}$$

$\left(\begin{array}{ll} T_R：\text{固有横揺れ周期，} & k：\text{船の環動半径} \\ g：\text{重力加速度，} & B：\text{船幅} \end{array} \right)$

4　**旋回試験による方法**

　　定常旋回する場合の横傾斜角等を計測して，次式より GM を求める。

$$\tan \theta = \frac{v^2(BM - GM)}{g \cdot r \cdot GM}$$

$\left(\begin{array}{l} \theta：\text{定常旋回中の横傾斜角度，} \quad v：\text{旋回時の速力} \\ r：\text{旋回半径，} \quad g：\text{重力加速度，} \quad BM：\text{メタセンタ半径} \end{array} \right)$

━━━━━━━━━━━━━━━━━━ *航海中におけるＧＭの減少*
問題 40 航海中，どのような場合に *GM* が減少するか。

(解答)　・二重底タンク等，船体下部からの燃料や清水の消費，あるいは下部
タンクからのバラストの排出により，船体重心が上昇した場合。
・燃料や清水等の消費，バラストの調整等により，タンク内に自由表面が生
じた場合。
・甲板に打ち上げられた海水の排水が不良な場合。
・甲板積み貨物が，雨水や海水を吸収した場合。
・船体に着氷したり，積雪があった場合。
【ポイント】　航海中に *GM* が減少する第一の要因は，船体重心 *G* が上昇することである。よって，
上部の重量の増加または下部重量が減少する場合を答えればよい。

━━━━━━━━━━━━━━━━━━━━━━━ *排水量等曲線図*
問題 41 排水量等数値表や排水量等曲線図にはどのようなデータが記載さ
れているか。

(解答)　・排水量（排水トン数）：*DISP.*
・毎センチ排水トン数：*TPC*
・毎センチトリムモーメント：*MTC*
・キール上，浮心までの高さ：*KB*
・キール上，横メタセンタまでの高さ：*KM, TKM*
・船体中央から浮心までの前後距離：*LCB, Mid.B*
・船体中央から浮面心までの前後距離：*LCF, Mid.F*
・キール上，縦メタセンタまでの高さ：KM_L
・浸水面積：*WSA*
・水線面積：A_{wp}
・中央横断面積：A_m
・肥せき係数（ファインネス係数）
　（方形係数：C_b，柱形係数：C_p，水線面積係数 C_w，中央横断面係数：C_m）

トリム

問題　42　トリムとは何か。トリムの種類と名称をあげよ。　 ❸

解答　船の縦傾斜を「トリム」といい，船首喫水と船尾喫水の差で傾斜の程度をあらわす。すなわち，

トリム：$t = d_a - d_f$　　（d_a：船尾喫水，d_f：船首喫水）

トリムには，船首喫水と船尾喫水の大小関係の違いにより，以下の3通りがある。

船尾トリム　　　　　　　　等喫水　　　　　　　　　船首トリム
トリム・バイ・ザ・スターン　　イーブン・キール　　　トリム・バイ・ザ・ヘッド
（Trim by the stern）　　　（Even keel）　　　　（Trim by the head）

ともあし　　　　　　　　ひらあし　　　　　　　　おもてあし

図1.21　トリム

毎センチトリムモーメント

問題　43　毎センチトリムモーメント（*MTC*）とは何か。　❸

解答　船のトリムを1cm変化させるのに必要なモーメントをいい，次式であらわされる。

$$MTC = \frac{W \cdot GM_L}{100L} \quad (\text{t·m})$$

（L：船の長さ（m），W：排水トン数（t），GM_L：縦メタセンタ高さ（m））

【ポイント】　実船では，喫水を基にして，排水量等数値表や排水量等曲線図から求まる。

毎センチ排水トン数

問題　44　毎センチ排水トン数（*TPC*）とは何か。　❸

解答　喫水を1cm変化させるのに必要な重量のことで，次式により求めることができる。

$$TPC = \frac{A_w \cdot \gamma}{100} \quad (\text{t})$$

（A_w：水線面積，　γ：海水の比重量）

実船では，喫水を基にして，排水量等数値表や排水量等曲線図から毎センチ排水トン数が求まるが，それは，標準海水比重（$\rho = 1.025$）における値である。標準海水比重以外の比重（ρ'）における値（TPC'）を求めるためには，次式により改正する必要がある。

$$TPC' = TPC\frac{\rho'}{1.025} \quad (\text{t})$$

━━━━━━━━━━━━━━━━━━━━━━━━━ ホギングとサギング

問題　45　ホギング，サギングについて説明せよ。　❸

─────────────────────────────

解答　1　ホギング（Hogging）

　船体中央部で浮力が勝り，船首尾部では重量が勝っている場合に，船体が凸型に湾曲する状態をいう。その結果，甲板に引張力，船底には圧縮力が働く。この傾向は，船の長さとほぼ同じ波長を持つ波の波頂が船体中央部に来たときに一層助長される。

2　サギング（Sagging）

　船体中央部に重量が集中し，船首尾部で浮力が勝っている場合に，船体が凹型に湾曲する状態をいう。その結果，甲板に圧縮力，船底には引張力が働く。この傾向は，船の長さとほぼ同じ波長を持つ波の谷が船体中央部に来たときに一層助長される。

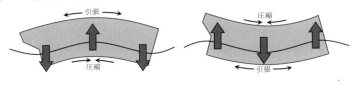

(1) ホギング　　　　　　(2) サギング

図1.22　波によるホギングとサギング

━━━━━━━━━━━━━━━━━━━━━━━━━━━━ 喫水の読み取り

問題 46　喫水標の標示方法と，波浪中における喫水標の読み取り要領を説明せよ。　　　　　　　　　　　　　　　　　　　　　　　　　　❸

解答　**1　喫水標の標示方法**

　　船の船首，船尾および中央部において，それぞれ左右両舷の計6箇所に喫水標が記されている。キールの下面から垂直上方に向かって，20cm ごとに10cm の大きさのアラビア数字で刻まれており，字の太さは2 cm で，その数字の下端が表示の喫水となっている。

2　喫水標の読み取り要領

1.　しばらくの間注視し，水面の上下動の平均値を取るようにする。ただし，単に最高，最低の平均値ではなく，突発的な激しい上下動は除いて，平均的な最高値と最低値を読み取るようにする。

2.　水面の上下動を観察していると，ほとんど動きが止まることがあるので，このときの値を読むようにする。

3.　1および2を何回か繰り返して，大きなばらつきがないことを確かめる。

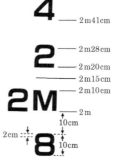

図1.23　喫水標の標示

━━━━━━━━━━━━━━━━━━━━━━━━━━━━ 排水量の精測

問題 47　測得喫水を基に排水量を求める場合に行うべき修正をあげよ。

解答　排水量等数値表や排水量等曲線図を用いて，測得喫水より排水量を求める場合，次のような修正を行わなければならない。

1　船首尾喫水修正（Stem and Stern Correction）

　　喫水標より読み取った喫水（測得喫水）を，F.P.（前部垂線）および A.P.（後部垂線）上の喫水に換算する。

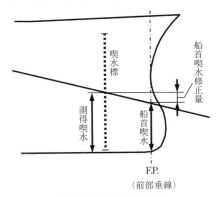

図1.24　船首喫水修正

2　トリム修正（Trim Correction）

　船首トリムまたは船尾トリムの状態から，排水量を変えることなく等喫水（Even Keel）の状態にした場合の，喫水または排水量を求めるための修正値。

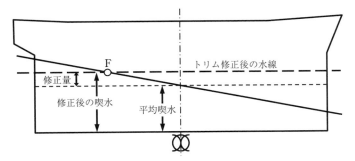

図1.25　トリム修正

3　ホグ・サグ修正（Hog. or Sag. Correction）

　ホギングまたはサギング状態にある船体を，計算上，撓みがない状態にした場合の喫水または排水量を求めるための修正。

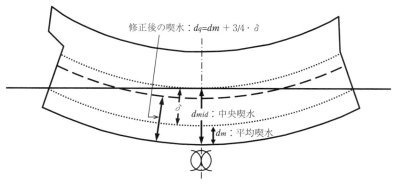

図1.26　船体の撓みに対する修正

4　海水密度修正 （Density Correction）

　排水量等表や排水量等曲線図より求めた「見かけの排水量」から，現実の海水比重を用いて，同じ喫水における「実際の排水量」を求めるための修正。

━━━━━━━━━━━━━━━━━━━━━━━━━━━━━━━━━━ せん断力，曲げモーメント
問題　48　船体の縦強度に関するせん断力及び曲げモーメントについて述べよ。　　　　　　　　　　　　　　　　　　　　　　　　　　　　　　　　　　❷

[解答]　船が港内のように波のない静かな水面（静水中）に浮いているときは，船の総重量と船体に作用する浮力は，全体として釣り合った状態にある。しかし，下図に示すように船を輪切りにしたとすると，各部分の浮力と重力は必ずしも釣り合わず，両方の力が釣り合うまで各部分は上下に移動しようとする。

　実際には船体はつながっているため，各断面には移動を防止する抵抗力が働く。その結果，船体を上下にはさみで切るような「せん断力（shearing force）」と船首尾方向に曲げようとする「曲げモーメント（bending moment）」とが生じ，それにより船体がたわむ。

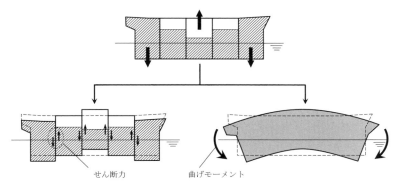

せん断力　　　　　　曲げモーメント

図1.27　静水中のせん断力と曲げモーメント

第2章　当　　直

問題 **1**　航海中，当直航海士が船長へ報告しなければならない事項は何か。

〔解答〕　当直航海士は船長の職務の代行者であり，船長に対しては，航海に関する状況を適宜報告するとともに，少しでも航行上の不安や疑義を感じたり，異常が生じた場合には，速やかに報告し指示を受ける必要がある。具体的には以下の事項を報告しなければならない。

・漁船群の密集や，付近航行船舶の動向により，自船が予定進路や速力を維持して航行することが困難なとき，または困難が予想されるとき。

・視界不良や風向・風力等，天候が急変したとき，またはその徴候を認めたとき。

・気象・海象に関すること等，運航上の重要情報を得たとき。

・当直を引き継ぐ航海士が，明らかに当直を行うことができる状態でないと考えられるとき。

・船位測定が不能になったり，船位に不安を感じたとき。（観測されるはずの目標が観測されなかったり，船位が予定航路より大きく偏したとき。）

・遭難船や遭難者，流氷その他の異常な漂流物を発見したとき，またはそれらに関する情報を得たとき。

・操舵装置や航海計器等に異常が生じたとき。

・船体の損傷や機関の故障，海賊や不審船の発見等，保安上の危険が生じたとき。

・変針点の前後において，決められた地点に達したとき。

・ランドフォールしたとき。

・他船や信号所等から信号を受信したとき。

・コンパスの誤差を測定したとき。

・その他，船長から特別の指示があった場合。

━━━━━━━━━━━━━━━━━━━━━━━━━━━ 当直引継ぎ事項

問題　**2**　航海中，航海士の当直交代時の引継ぎ事項は何か。　　　　❸

━━━

解答　・船舶の針路，速力，位置および喫水
　・予定する進路
　・気象，海象およびこれらが針路および速力におよぼす影響
　・航行設備および安全設備の作動の状態
　・コンパスの誤差
　・付近にある船舶の位置および動向
　・当直中遭遇することが予想される状況および危険
　・現在視野の内にある顕著な陸上物標や航路標識
　・船内の状況
　・船舶の航行に関する船長の命令および指示事項

━━━━━━━━━━━━━━━━━━━━━━━━━━━━━ 引継ぎの禁止

問題　**3**　当直航海士が次直者に引継ぎを行ってはならないのは，どのような
場合か。　　　　　　　　　　　　　　　　　　　　　　　　　　❸

━━━

解答　・次直航海士が，明らかに当直を行うことができる状態ではないと考
　えられる場合。
　・次直航海士が，酒気を帯びている場合。
　・引継ぎを行う際に，他船を避航中である等，危険を避けるための動作がと
　られている場合。
　・次直航海士の視力が，明暗の状況に十分順応していない場合。

━━━━━━━━━━━━━━━━━━━━━━━━━━━━━ 変針時の注意

問題　**4**　航海中，変針点付近に達した場合の注意事項および変針の要領をの
べよ。　　　　　　　　　　　　　　　　　　　　　　　　　　❸

━━━

解答　1）　変針前の指定された地点に達したとき，船長へその旨を報告す
　る。その際，視界や周囲航行船舶の状況等も報告するとよい。
　2）　変針前に船位を確認し，海図上のコースラインからの偏位を求めておく。
　3）　変針後の進路上に，漂流物等，障害になるものがないか，変針するこ

とにより付近航行中の他の船舶と危険な見合い関係が生ずることがない
か確認する。

4）　変針前には転舵舷後方に注意を払い，自船を追い越そうとしている船
　　がないか，自船の変針により航行を阻害される船がないかを確認する。

5）　転舵発令に当たっては，変針前のコースラインからの偏位，自船の新
　　針路距離を加味し，変針後のコースラインに乗せるようにする。

6）　変針点に至れば，船長に報告し転舵を発令して変針する。このときの
　　時刻およびログ示度を記録しておく。

7）　変針後は速やかに船位を求め，予定のコースライン上にあるか否かを
　　確認し，船長に報告する。

━━━━━━━━━━━━━━━━━━━━━━━━━━━━━━━ ロ グ ブ ッ ク
問題　**5**　ログブックの種類をあげよ。　　　　　　　　　　　　　　❸

解答　・公用航海日誌（Official Log Book）
・船用航海日誌（Ship's Log Book）
・航海撮要日誌（Commander's Abstract Log）
・無線業務日誌（GMDSS Radio Log Book）

━━━━━━━━━━━━━━━━━━━━ 出入港中の三等航海士の業務
問題　**6**　出入港部署配置中，船橋において三等航海士はどのような作業を行
うか。　　　　　　　　　　　　　　　　　　　　　　　　　　　❸

解答　出入港部署配置中，船橋における三等航海士の主な役割は船長の補佐
であり，具体的には以下の作業を行う。

・テレグラフやスラスターの操作
・スタンバイブック（ベルブック）への記録
・インターホン，トランシーバ等による，船首，船尾等の各部への船長命令
　の伝達および各部からの報告の船長への伝達
・汽笛の吹鳴
・周囲の見張り
・旗りゅう信号の掲揚またはその指示

・パイロットの案内
・船位の確認
・操舵員への操舵号令の中継

スタンバイブック

問題　7　出入港時，スタンバイブック（ベルブック）にはどのような事項を記録するか。　❸

（解答）　スタンバイブックは，ログブックを記載する場合に必要な下記の各種データを記録しておくもので，海難事故の際の重要な証拠ともなる。
・出入港部署の発令および解除とそれらの時刻
・機関のすべての使用状況（エンジンモーション）と使用した時刻
・係留索の解らんおよび係止とそれらを行った時刻
・水先人の乗下船とその時刻および水先人氏名
・タグボートの使用状況と時刻およびタグボートの船名
・いかりの使用状況（投びょう，巻き上げ）とそれらの時刻
・使用いかりおよび伸出びょう鎖長
・びょう地の底質
・主要な物標の通過とその時刻

トライエンジン

問題　8　出港前のトライエンジンを行うときの注意事項をのべよ。　❸

（解答）　・船橋は，機関室からトライエンジン実施の連絡を受けたら，船首，船尾および舷門当直者に連絡し，各配置からの了解が得られるまでトライエンジンを実施しないようにする。
・連絡を受けた各配置は，岸壁係留中においては係留索のたるみをとるとともに，係留索の切断や本船の移動による危険性を回避するため，岸壁のビットや舷梯付近にいる人を遠ざける。
・びょう泊中やブイ係留中であればびょう鎖のたるみをとり，船の振れ回り等による危険を防止する。
・船尾付近に小型ボート等があれば，トライエンジンを行う旨を告げ，渦流に気を付けるように注意し，できれば本船から遠ざける。

・風，潮，喫水，ビットの強度等から判断して，トライエンジンの実施に不安があるときは，機関室に連絡し，機関出力や回転方向，トライエンジンの時間等を加減して実施する。
・トライエンジン中は，船橋と甲板上の各配置は連絡を密にし，その状況を適宜把握し，係留索やびょう鎖の張り具合，船尾付近に漂流物等が接近しないかを監視する。
・係留索やびょう鎖に過度の張力がかかったり，その他危険な状況が生じた場合は直ちに中止する。

係　留　索

問題 9　係留索の名称と各係留索の役割についてのべよ。　❸

解答 ①　ヘッド・ライン（Head Line）
　スターン・ラインとともに，全体的な船の移動を抑止する。
②　フォーワード・ブレスト・ライン（Forward Breast Line）
　アフト・ブレスト・ラインとともに，左右揺れ（Swaying）と船首揺れ（Yawing）を抑える。
③　フォーワード・スプリング（Forward Spring）
　アフト・スプリングとともに，前後揺れ（Surging）を抑える。
④　アフト・スプリング（Aft Spring）
　フォーワード・スプリングとともに，前後揺れ（Surging）を抑える。
⑤　アフト・ブレスト・ライン（Aft Breast Line）
　フォーワード・ブレスト・ラインとともに，左右揺れ（Swaying）と船首揺れ（Yawing）を抑える。
⑥　スターン・ライン（Stern Line）
　ヘッド・ラインとともに，全体的な船の移動を抑止する。

図2.1　係留索の配置

シングルアップ

問題　10　岸壁係留において，シングルアップとはどのようなことか。　❸

(解答)　出港作業が短時間で完了するよう，停泊中に十分とっておいた係留索を，出港準備の段階で本数を減らし，簡易な状態にしておくことをいう。一般的には，ヘッド・ライン，スターン・ライン，フォーワード・スプリング，アフト・スプリングを各1本とするが，どのような状態にしておくかは，船の状態（大きさ，喫水，主機関の種類等），風や潮等の外力，使用するタグの隻数や能力等の状況により決定されるため，一概にはいえない。

　なお，ブイ係留中やびょう泊中も，同様の目的で以下のように出港準備を整える。

(1)　ブイ係留中：スリップ・ワイヤ1本のみの係留状態にする。

(2)　単びょう泊中：びょう鎖を把駐力が得られる最小の伸出長さまで（ショートステイの状態）巻き入れる。

(3)　双びょう泊中：一方のいかりを巻き上げ単びょう泊とし，上記(2)の状態にする。

岸壁係留中の注意

問題　11　岸壁係留中，当直航海士としての一般的な注意事項をのべよ。　❸

(解答)　・喫水および潮汐の変化に注意し，係留索の張り具合を調整する。

・気象・海象の変化に注意し，風波が強まるようであれば，係留索の増し取りやフェンダーの増強を行う。

・舷梯その他の船外への突出部が，岸壁との接触により破損することを防止する。

・舷門において，訪問者の身元と乗下船の確認を行い，必要な場合には携行品のチェックを行うなど，盗難および危険物の持ち込みを防止する。

・貨物および船用品の積み込みに当たっては，あらかじめ計画されていたものと相違ないか確認する。

・他船が本船の前後において着離岸する場合は，その動静に注意し必要な措置を講じる。

・船内巡視を行い，火災および海洋汚染の防止，船内作業の安全確保，制限区域への部外者の立ち入りを制限する。

・停泊灯，その他照明の点灯，旗章・形象物の取扱いを行う。

━━━━━━━━━━━━━━━━━━━━━━━━━━━ 走びょう検知
問題 **12**　走びょうの原因および検知方法についてのべよ。　❸

（解答）　走びょうは，びょう泊中の船に作用する外力が，いかりおよびびょう鎖の係駐力を上回った結果生じる現象で，いかりが外力に抗し切れずに移動する。

　　強い風潮や波浪下において，以下の現象が検知された場合，走びょう状態にあるといえる。

・びょう位から伸出びょう鎖長以上に船位が移動した場合。

・船が周期的な振れ回り運動をせず，片舷から風を受けるようになった場合。

・びょう鎖が張ったままでたるむことがない場合。

・びょう鎖に耳を当てたとき，いかりやびょう鎖が海底を引きずられる際に発する異常な音や振動が検出された場合。

りの(1)～(4)に注意し，さらに次のことに注意する。

1. 採水バケツで海水を採取する場合は，風下側で実施する。
2. バケツの持つ熱を除くために，2，3度海水につけた後，海水を汲み上げる。
3. 清浄な水を汲み上げるために，船体の排水口付近はさける。
4. 温度計の球部はバケツ内の海水につけたまま，読める程度に引き上げて読むとよい。蒸発熱の影響がさけられる。

インテイク法では，機関室の冷却海水取り入れ口の温度を使用する。

大型船では，この方法がよく用いられる。（停泊中は採水バケツ法を用いる）

4　視程の観測

(1) 日中の明るさの中で，空を背景として，ある物体を見たときにそれが何であるか見分けうることのできる，水平方向の最大距離を求めることである。

(2) 正常な視力を持つ人が肉眼ではかる。

(3) 方向によって視程が異なるときは，最短視程をとる。

(4) 大気の透明度を知るものであるから，気象状態に大きな変化がなければ，夜間は昼間に準じて行う。

【ポイント】　視程を表す単位は，メートルである。（マイルは使用しない）

　　　　霧の定義に用いられ，

　　　　視程1,000メートル未満：霧

　　　　視程1,000メートル以上10キロメートル未満：もや

　　　　として区別する。

5　雲の観測

(1) 雲　量

雲量は全天を10として，5％未満のときを0，95％以上雲におおわれている場合を10とし，その間を0～10の整数であらわす。

(2) 雲形と雲高

雲 の 形 と 10種雲形の記号		雲層のできる高さ	雲　　の　　解　　説
類	国際略記号	族	
巻 雲	Ci	上層雲6,000m以上	繊維状をした繊細な，はなればなれの雲。白色で羽毛状，かぎ形をしている。
巻積雲	Cc		小さい白色の雲片が群をなし，うろこ状やさざなみ状をしている。いわし雲，さば雲などともいう。

巻層雲	Cs	〳		うすいベールを敷いたような雲。空一面に出ることが多く，日のかさ，月のかさを生じる。 低気圧や前線に先がけて出るので嵐の前兆といわれる。
高積雲	Ac	中層雲	2,000 〜6,000m	比較的大きな雲片が群をなして，点在したり，帯状に出る。 空は白色や灰色になる。羊雲という。
高層雲	As	普通中層にみられるが，上層までひろがることが多い。		灰色をした層状の雲で，全天をおおうことが多く，日や月は陰になるがかさはできない。太陽の位置がすけて見えても天測はできない。
乱層雲	Ns	普通中層にみられるが，上層，下層にひろがることが多い。		ちぎれ雲の上にある，暗灰色の厚い層状雲である。 雨雲といい，雨や雲を降らせる。
層積雲	Sc	下層雲	海面付近 〜2,000m	大きな雲の団塊がうね状やロール状にならんだもの。 雲には黒い陰の部分がある。
層 雲	St			灰色の一様な雲で，霧に似ている。 霧が地面からはなれたものと思えばよい。
積 雲	Cu	雲底は下層にあるが，雲頂は中層，上層に達している。		垂直に発達した雲で，下面は水平，上面はコブ状をしている。 天気の良い日に見られる。
積乱雲	Cb			垂直に発達した雲で，下面は水平，上面は圏界面に達して形がくずれ巻雲が吹き出している。 入道雲，カナトコ雲ともいう。 雷雨やしゅう雨を伴う。

〔注〕　雲の高さの考え方として，雲の頂上（雲頂）の高さ，雲の厚さ，雲底の高さの3つが考えられるので，混同しないようにすること。単に雲高（雲の高さ）といえば，海面から雲底までの高さを指すのが一般的である。したがって，積乱雲のように雲頂の高い雲でも雲高は低い。

――――――――――――――――――――――――――――――――――かさ

問題　**6**　「日のかさ」，「月のかさ」は雨の前兆というのはなぜか。
・・

（解答）　**1**　日や月にかさがかかる雲は，上層雲の中の巻層雲である。

2　巻層雲は非常に高い雲であり，低気圧や台風が近づいてくるときは，それに先がけてあらわれる。

3　したがって，巻層雲が観測されてから，やがて雲は高層雲，乱層雲と厚く，低くなってゆき，雨が降り出す。

━━━━━━━━━━━━━━━━━━━━━━━━━━━━━━━ 雲 量 と 天 気

問題 **7** 「くもり」とは雲量どれ位をいうか。

（解答） **1** 雲量とは，全天の雲量を「10」とし，その間を 0 ～10の数字で表す。雲量 0 とは，空に全く雲がないか，あっても 5 ％未満，雲量10とは全天を雲でおおわれているか，95％以上を指す。

2 快晴（記号○）：全雲量 1 以下。

　　晴（記号①）：全雲量 2 ～ 8 。

　　曇（記号◎）：全雲量 9 以上

　　　　　　　　薄曇（記号①）：見かけ上の最多雲量が上層雲によっておおわれている。

　　　　　　　　本曇（記号◎）：見かけ上の最多雲量が上層雲以外によっておおわれている。

〔注〕　薄曇も本曇もあわせたときは，記号は◎である。

━━━━━━━━━━━━━━━━━━━━━━━━━━━━━━━━━━ 風　　　　速

問題 **8** 平均風速とは何か。

（解答） **1** 気象で風速といえば平均風速のことである。

2 観測時の前，10分間の平均風速をさす。

〔注〕　風速には他に以下の種類がある。

　　1 ．最大風速：観測期間中の平均風速のうちで最大のものをいう。

　　2 ．最大瞬間風速：観測期間中，常に変動する風の中で瞬間風速の最大のものをいう。およそ最大風速の1.5倍が最大瞬間風速になる見当である。

━━━━━━━━━━━━━━━━━━━━━━━━━━━━━━ 地衡風と傾度風

問題 **9** 地衡風と傾度風を説明せよ。

（解答） **1** 地衡風と傾度風は，地表面の摩擦のない地上1,000m以上の上空を吹く風である。

2 地衡風は等圧線が直線状の時，傾度風は等圧線が曲線状の時に吹く。

3 地衡風と傾度風ともに，低圧部を左に見て，等圧線に平行に吹く。

━━ 海 陸 風

問題　10　海陸風についてのべよ。

━━

(解答)　**1**　低緯度ではいつでも，中緯度では気団の安定している夏期に海岸地方で見られる局地風である。晴れた日に見られる。

2　日中，陸地が日射で熱せられて上昇気流を生じ，それを補うために海上から陸地に向かって風が吹き込んでくる。これを海風という。風速は約 5 ～ 6 m/s 程度である。

3　夜間は，陸地が冷えやすく，海上の気温の方が冷めにくいので，海上で弱い上昇気流が起こって陸地から海上に向かって風が吹く，これが陸風である。風速は約 2 ～ 3 m/s。

4　海陸風の風の変り目には，風のなくなる凪（なぎ）があり，朝方に朝凪，夕方に夕凪がある。

5　低緯度や中緯度の夏期に沿岸を航行中，海陸風が乱れる場合は天候悪化が予想できる。

━━ 大 気 環 流

問題　11　年間を通じての支配的な風の種類をのべよ。

━━

(解答)　年間を通じたときの地球上の平均気圧配置は，図3.3のようになる。極付近が寒冷なためにできる極高気圧，力学的にできる亜熱帯高圧帯からそれぞれ，亜寒帯低圧帯，赤道低圧帯に向かって風が吹く。

1　**地表付近の風**

亜熱帯高圧帯からの吹き出しによる貿易風（北東風）と偏西風。極高気圧からの吹き出しによる極偏東風（寒帯東風）がある。

2　**上空の風**

中緯度以北の上空では偏西風が吹く。低緯度では地上10km までが東風で，それ以上で西風となり，これを反対貿易風という。

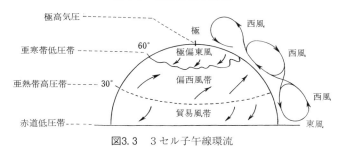

図3.3　3セル子午線環流

問題　**12**　貿易風の成因についてのべよ。

(解答)　*1*　赤道付近で熱せられた空気は上昇するため，地表面は赤道低圧帯となる。上昇した空気は上空では北東に向かう（南西風になる）が，緯度30度付近に達すると，緯度帯の面積が狭くなるのと，コリオリ力（地球自転の偏向力）のために北半球では右（南半球では左）に曲げられて北進（南進）速度が小さくなるために，空気が上空にたまって下降気流となり，地上に亜熱帯高圧帯ができる。

2　亜熱帯高気圧から赤道低圧帯へ吹き出す気流はコリオリ力を受けて，北半球では北東貿易風，南半球では南東貿易風になる。

〔注〕　コリオリ力とは地球の自転によって発生する見かけの力で，風に対して北半球では右向き直角に（南半球では左向き直角）働く。

問題　**13**　偏西風の生じる原因を説明せよ。

(解答)　*1*　中緯度を中心に1年中吹走する卓越西風である。

2　上層の偏西風は，赤道付近で加熱上昇した空気が北極方向に移動するにつれて，コリオリ力のために東向の成分を増し，偏西風を形成する。上層では亜熱帯高圧帯から極にまで及ぶ。

3　地表付近の偏西風は，亜熱帯高圧帯から亜寒帯低圧帯に向かって風が吹き出す。これは，コリオリ力によって右偏させられ，偏西風を形成する。北上して極偏東風と接する。

天 気 の 変 化

問題 　14　天気は一般に西から東へ変化するのはなぜか。

（解答）　*1*　高気圧，低気圧は上空の気流に流される。
2　中緯度の上空では，偏西風が卓越しているためである。

ジェット気流
❷

問題 　15　ジェット気流についてのべよ。

（解答）　*1*　中緯度の圏界面（高度約12km）付近に帯状の噴流が西風となって吹いている。
2　上空偏西風の中にある強風帯である。
3　大陸の東海岸（日本など）で強くなる。
4　冬は琉球列島の上空，夏は北日本の上空にある。
5　風速は夏（平均15m/s）より冬の方が強く平均40m/s だが，時には100m/s を越えることがある。

高 層 天 気 図 (1)

問題 　16　高層天気図について説明せよ。

（解答）　高層天気図は大気の上層の状態を調べるもので，ふつう等圧面天気図を指すことが多い。
1　地上天気図の等圧線のかわりに等高線をひく。
2　等高線の見方は等圧線と同じで，高度の高いところが高気圧，高度の低いところが低気圧に相当する。
3　等圧面天気図には等高線，等温線，高度，気温と露点温度の差，風向，風速が記入される。
4　よく使われる等圧面天気図は500hPa で，高さ約5,500m の気象状態をあらわしている。

━━━━━━━━━━━━━━━━━━━━━━━━━━━ 高 層 天 気 図 (2)

問題　**17**　高層天気図の利用法をのべよ。　　

〔解答〕　• 850hPa 等圧面天気図（約1,500m）

1.　地上に近いので，地上天気図では判定し難い前線の解析，気団の解析に使う。
2.　下層の風系の発散や収斂を調べる。

• 700hPa 等圧面天気図（約3,000m）

1.　中層雲を形成する高さであり，降水現象を判断するのに使う。
2.　500hPa 面の補助として使う。

• 500hPa 等圧面天気図（約5,500m）

1.　大気圧のおよそ半分になるところである。
2.　大気の平均構造を代表するところで最もよく使われる。
3.　地上の低気圧の発生や発達の予報。
4.　台風の進路や速度を決める一般流の解析。

• 300hPa 等圧面天気図（約9,000m）

1.　ジェット気流と圏界面の解析。

〔注〕　最近では，850hPa 等圧面天気図（上空1,500m 付近）が，この高度の気温が一定以下になることで地表の雨が雪に変わることから，天気予報に用いられる。

━━━━━━━━━━━━━━━━━━━━━━━━━━━ ブロッキング高気圧

問題　**18**　ブロッキング高気圧と梅雨の関係をのべよ。　❷

〔解答〕　*1*　梅雨時上空で小笠原高気圧から切り離された切離高気圧（ブロッキング高気圧）が地上のオホーツク海高気圧に重なる。
2　この南方にジェット気流が走り，地上には梅雨前線が停滞する。
3　寒帯気団と熱帯気団の境界にジェット気流が発達する。
4　地上の低気圧はブロッキング高気圧のため進行を妨げられ天気がぐずつく。
5　ブロッキング高気圧の消滅するときが梅雨明けになる。

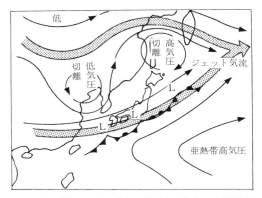

図3.4　梅雨期の高層の気流（前線は地上の梅雨前線）

━━━━━━━━━━━━━━━━━━━━━━━━━━━━ 寒 冷 低 気 圧

問題　19　寒冷低気圧とは何か。　　　　　　　　　　　　　　　　　　　　❷

解答　*1*　上空における低気圧域内の気温が周辺に比べて低い気温分布を持
つ低気圧をいう。寒冷渦ともいう。

2　寒冷渦の南東端では前線ができやすく，積雲性の雲が発達し，大雨になり
やすい。

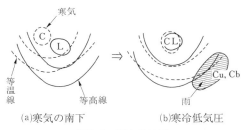

(a)寒気の南下　　　　　(b)寒冷低気圧

図3.5　寒冷低気圧

━━━━━━━━━━━━━━━━━━━━━━━━━━━━ 本 邦 の 季 節 風

問題　20　日本付近で冬に季節風が強く，夏に弱いのはなぜか。

解答　*1*　冬の季節風

1.　西高東低型の気圧配置になっている。

2.　西のシベリア方面では大陸が寒冷なために，シベリア高気圧が発達し，

中心示度は1,050hPa以上にもなる。一方，本邦の東方海上にぬけた低気圧が発達して，中心示度は980hPa以下にまで下がるため，気圧傾度が急峻となる。

3.　シベリア高気圧から海洋に吹き出す北西季節風は10〜20m/sに達する。

2　夏の季節風

1.　南高北低型，または東高西低型の気圧配置になっている。

2.　夏季，大陸は熱せられるので，大気不安定となり，大陸側は低圧部となる。一方，温暖高気圧である北太平洋高気圧が本邦の南岸や東岸に張り出して小笠原高気圧と呼ばれる。中心示度はそれほど高いものではなく，1,015〜1,020hPa程度で，大陸側の低気圧もそれほど低くないので気圧傾度はゆるやかである。

3.　小笠原高気圧から大陸に吹き出す南東〜南西季節風は5〜6m/sである。

〔注〕　季節風とは半年毎に吹き変わる風の系統で，冬は大陸から海洋に，夏は海洋から大陸に向かって吹く卓越風である。

　　気圧傾度とは，単位距離について気圧の下がる割合をいい，天気図上の等圧線の間隔が狭ければ，気圧傾度は大きいということになる。この気圧傾度に比例して受ける力を，気圧傾度力といい，風の原動力となる。

───────────────────────────── か　ら　っ　風

問題　21　からっ風となるのはどんなときか。

───────────────────────────────────

（解答）　**1**　冬の北西季節風が吹くときで，太平洋側の天気現象である。
2　寒冷で乾燥しているシベリア気団が日本海に出ると下層から暖められ，水蒸気の補給を受けて不安定となる。北陸を走る日本アルプスを滑昇して雲を生じ，多量の雪を日本海側にもたらす。したがって太平洋側に抜けた季節風は，乾燥して冷たい。これをからっ風という。

───────────────────────────── 大　西　風

問題　22　大西風についてのべよ。

───────────────────────────────────

（解答）　**1**　冬季，低気圧の通過後に吹く強い北西の季節風を大西風という。
2　大陸に発達したシベリア高気圧があり，太平洋岸に発達した低気圧があり典型的な西高東低型の気圧配置となっている。

3　気圧傾度が急峻となり，低気圧に吹き込む風は強く，冷たく，突風を伴っている。

4　風速も20m/sを越えることが多い。

――――――――――――――――――――――――――――――――― 本　邦　の　雪

[問題] **23**　冬季，本州に雪が多く北海道に少ない理由はなぜか。

――

[解答]　**1**　本州の特に北陸地方に雪が多い。その原因は次の山雪型と里雪型である。

1.　山雪型

　　西高東低の気圧配置のとき，寒冷で乾燥したシベリア気団が日本海を横断する際に，下層から暖められ，かつ水蒸気を多量に供給されて不安定となる。これが北陸を走る日本アルプスを滑昇して雲を生じ，多量の雪を山沿いの地方に降らせる。

2.　里雪型

　　西高東低の気圧配置がややゆるんだ状態のとき，北陸地方の海岸に沿って北陸不連続線と呼ばれる局地的な不連続線が発生することがある。この北陸不連続線を滑昇する湿った気流が海岸地方に多量の雪を降らせるので里雪型という。

2　これに反し，高緯度にあるにもかかわらず，北海道方面に雪が比較的少ないのは，山雪型にあるような脊梁山脈がないことと，里雪型にみられる局地的な不連続線もみられないことによる。また，前方の日本海の海域も狭いため，水蒸気の供給も少ないからである。

――――――――――――――――――――――――――――――――― 三　寒　四　温

[問題] **24**　三寒四温について説明せよ。

――

[解答]　**1**　もともとは中国北部，朝鮮方面の冬の気候を表す諺で，冬は1週間を周期にして，寒い日が3日続いてそのあと4日間は比較的温暖であることをいう。

2　わが国の例で説明する。

1.　冬季西高東低型の気圧配置になると，気圧傾度が大きくなり，冷たい北西季節風が大陸から吹きまくるので，本邦は寒い日が続く。この期間が約

３日である。

2. やがて，シベリア高気圧が一部，分離して，低気圧が発生して本邦を通過してゆく。この低気圧が発生してから通過するまでの間は季節風も止み，寒さがゆるむ。この期間が約４日である。

3. 太平洋上に抜けた低気圧は再び発達して，シベリア高気圧の張り出しとともに，また西高東低型に戻り，寒い季節風が吹く。このように１週間を周期に寒暖がくり返される。

【ポイント】　日本では，本来の冬の気候という意味ではなく，解答にあるように寒暖の変化がはっきりと現れる春先の気候に用いられる。

━━━━━━━━━━━━━━━━━━━━━━━━━━━━━━ 冬 の 日 本 近 海

問題　**25**　冬季日本周辺の海域で曇りがちの天気になるのはなぜか。

〔解答〕　**1**　季節風時（西高東低の気圧配置）

1. 日本海海上及び日本海沿岸地域では，非常に寒冷で乾燥したシベリア気団の空気が，日本海で下から暖められ，さらに海上から水蒸気の補給を受けて不安定となり，上昇気流を起こして，雲が多い天気となる。

2. 太平洋沿岸地域では，上記の湿った空気が，日本の脊梁山脈で雪や雨を降らすため乾燥して好天となるが，この空気が太平洋上に出ると再び下から暖められながら水蒸気の補給を受けて不安定となり，海上では雲が多い天気となる。

2　西高東低の気圧配置が緩んだ場合

温帯低気圧が日本付近を通過するため，低気圧の天気として相変わらず雲が多い。

━━━━━━━━━━━━━━━━━━━━━━━━━━━━━━ 冬 の 台 湾 海 峡

問題　**26**　台湾海峡が冬季荒れる理由をのべよ。

〔解答〕　**1**　冬季の強い北東季節風（風力５〜６）が吹く。

2　北東季節風は南下するに従い風が弱くなるのが通常であるが，風が狭い台湾海峡に沿って吹きつけるので，風勢も強まる。

3　風が東シナ海を吹きわたってくるので吹走距離も長く，長期にわたって吹くので，波高も高くなる。

〔注〕　波の成長条件として，次の3つの事項が十分であれば，波高も大きくなる。
　　　・風　　速
　　　・吹続時間（風が吹きつづく時間）
　　　・吹走距離（同方向の風が吹きわたる距離）

━━━━━━━━━━━━━━━━━━━━━━━━━━━━ インド洋の季節風

[問題]　**27**　インド洋の季節風についてのべよ。また航海に及ぼす影響はどうか。

[解答]　***1***　冬の季節風
1．シベリア高気圧からインド洋に吹き出す北東季節風である。
2．インドの北と東には高い山脈が伸びているので，障壁となり風は弱められる。
3．風力は4（5.5〜7.9m/s）内外。
4．海上は比較的平穏で航海にも支障はない。

2　夏の季節風
1．南半球の南東貿易風が，北半球に入り込み，コリオリ力によって右偏させられて吹く南西季節風である。
2．定常性があり，風力も冬季より強く，5〜6（8.0〜13.8m/s）に及ぶ。
3．障害のない海洋上を一定方向に，長い距離にわたって吹いてくるので，波は高く時化模様となるので航海には注意する。
4．高温，多湿な赤道気団の流入によってインドの山系の風上に当たる斜面に多量の雨をもたらす。

3　海流に大きな影響を与える。問111〔解〕参照。

━━━━━━━━━━━━━━━━━━━━━━━━━━━━ 南シナ海の季節風

[問題]　**28**　南シナ海の季節風についてのべよ。

[解答]　***1***　冬の季節風
1．シベリア高気圧から海洋に吹き出す北東季節風である。
2．本邦付近では北西季節風であるが，南下するにつれて，コリオリ力で右偏させられ北東風となる。
3．インドの場合と異なり，夏よりも冬の季節風の方が強いのは本邦付近と同じである。
4．風力は5〜6。

5.　寒帯前線帯の南西端に当たり，冬の終りには雲が多く，霧雨模様の天気が続く。これを，クラシンという。

2　夏の季節風

1.　インドの場合と同じで，南東貿易風の吹き込みによる，南西季節風。
2.　風力は 3 〜 4 。
3.　高温，多湿な赤道気団の流入によって東南アジアの南海岸地域では雨量が多い。

== 冬の小樽から香港まで

問題 **29**　冬季，日本海経由で小樽より香港へ至る場合の気象状況についてのべよ。　　　　　　　　　　　　　　　　　　　　　　　　❷

(解答) ***1***　日本海を通って，東シナ海に出る頃はシベリア高気圧から海洋に吹き出す北西季節風が10〜20m/s に達する。

　雲が多く，風と浪が沿岸に向かうので，特に日本海を南下中はあまり陸岸に近付かない。

2　冬の日本海では，シベリア気団と海水温の違いから，蒸気霧が発生することがある。

3　東シナ海を南下し，沖縄に近づくと風向は次第に北向きになる。

4　台湾海峡では北東風となり，風勢が強まり波も高くなる。

5　終始，雲の多い状態が続く。ときには北では雪，南では雨を見たりする。

=== 断　熱　減　率

問題 **30**　断熱減率とは何か。

(解答) ***1***　**乾燥断熱減率**

　飽和していない空気塊が上昇するとき，周囲からの大気の影響を受けなければ，100m につき 1 ℃気温が下がる。これを乾燥断熱減率という。

2　湿潤断熱減率

　飽和している空気塊が上昇するとき，空気塊の水蒸気は凝結して水滴にかわってゆく。このとき水蒸気は潜熱を出して空気を暖めるから，気温の減少率は小さくなる。周囲からの大気の影響を受けなければ，大気の状態によって異なるが，100m につき約0.4〜0.5℃程度である。

〔注〕　**気温減率**：一般の大気中の気温も，高度が高くなるにつれて減少しているのは山に登れば分るが，この気温減率は平均して，100mにつき約0.5〜0.6℃である。上で述べた上昇する空気塊の気温が下がるのは，上空ほど気圧が小さいので空気が膨張するためである。逆に下降すれば圧縮されて気温は上がり，これを断熱昇温という。断熱とは周囲の大気からの熱の影響を受けないことである。

―――――――――――――――――――――――――――――――――― フェーン現象

<u>問題</u>　**31**　フェーン現象とは何か。またその成因をのべよ。

<u>解答</u>　**1**　**フェーンとは**

1. 山脈の風下側に吹きおりる，高温で乾燥した風をいう。
2. アルプスのふもとのスイスやチロルが起源になっている。

2　**成　因**

1. 温暖な気団による風が山を越えるとき，山の風上で雲を生じ，雨を降らせて乾燥する。
2. 水蒸気が凝結して雲になる際，潜熱を放出して気温の下がりが少なくなる。（湿潤断熱減率で気温が下がる。）
3. 水蒸気の少なくなった空気が，山を吹き降りるとき，乾燥断熱昇温して気温が高くなるのである。

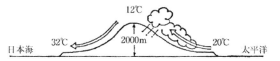

極端な例として，風が2000mの山を湿潤断熱減率（0.4℃/100m）で上昇し，乾燥断熱減率で吹き下ろせば，20℃の空気が32℃になる。

図3.6　フェーン現象

3　**日本でフェーンが起こる場合**

　　日本海を通る発達した低気圧による暖域内の南風が脊梁山脈を越えて日本海側を抜けるとき。

【ポイント】　問題21で解答した「からっ風」も，太平洋側で起こるフェーンである。しかしながら，乾いた冷たい風が吹くことから，日本海側で暖かい風が吹くほどの大きな変化はないので，わかりにくい。

━━━━━━━━━━━━━━━━━━━━━━━━━━━━━ ボ　　ラ

|問題|　**32**　ボラとは何か。　　　　　　　　　　　　　　　　　❷

[解答]　**1**　台地の風下側に吹きおりる冷たくて乾燥した強風をいう。

2　非常に低温な空気であると，断熱昇温しても寒冷なまま乾燥して平地に吹きおろしてくる風である。

3　イタリアの東のアドリア海東部が代表的である。

━━━━━━━━━━━━━━━━━━━━━━━━━━━━━ 上　昇　気　流

|問題|　**33**　上昇気流はどんなときに起こるか。

[解答]　**1**　日射によって地面が暖められるとき。例えば，夏の入道雲とその夕立ち。

2　地形による上昇。吹きつける風が山の斜面を滑昇して雲ができ，雨を降らせる場合。

3　前線上を暖気が上昇するとき。前線付近では雲が多く，雨が降る。

4　台風や低気圧の中心に吹き込む風は上昇気流となっている。

━━━━━━━━━━━━━━━━━━━━━━━━━━━ 大気の安定・不安定

|問題|　**34**　大気の安定・不安定について説明せよ。

　　　　不安定が生じやすいのは日本付近ではどこか。

[解答]　大気中のある空気をある高さまで持ち上げたとき，周囲との関係を調べる。

1　**安定な大気**

　1.　もとの位置へ戻ろうとする場合。

　2.　上昇気塊が周囲の気層よりも温度が低くなるとき。

　3.　気温減率が断熱減率よりも小さいとき。

2　**不安定な大気**

　1.　上昇がますます起こる場合。

　2.　上昇気塊が周囲の気層よりも温度が高くなるとき。

　3.　気温減率が断熱減率よりも大きいとき。

3　**不安定が生じやすいとき**

1．冬季，シベリア気団が日本海や太平洋に出て加熱，水蒸気の補給を受けるとき。

2．夏季，小笠原気団が日本の陸地に上がって強い日射を受けたとき。

〔注〕　断熱減率は雲ができるまでは乾燥断熱減率に従い，それ以後は湿潤断熱減率に従って下がる。

――――――――――――――――――――――――――――――――――――　温　　位
問題　35　温位とは何のことか。　　　　　　　　　　　　　　　　　　　　　❷

〔解答〕　**1**　ある気圧における空気を，乾燥断熱的に気圧を1,000hPaにしたときの気温をいう。

2　同じ気団内の空気でも，気体の温度は膨張・圧縮によって変わるから，一定の圧力のもとで比較しないとわからない。

3　気団解析に用いられる。温位の等しい空気は同じ気団で，温位が著しく異なる空気は別の気団と考えられる。

――――――――――――――――――――――――――――――――――　気　団　の　成　因
問題　36　気団の成因についてのべよ。

〔解答〕　気団とは広範囲の水平方向にわたって，ほぼ一様な性質を持つ空気の集団のこと。すなわち，数千 km にわたって似たような気温と湿度を持っている。

1　空気が長期間，同じ場所に停滞する必要がある。

2　低気圧の発生，通過の多い温帯では発生しにくい。

3　永続性のある高気圧内に気団ができる。

4　地理的にみれば，熱帯・亜寒帯・寒帯の海洋と陸地で発生する。

【ポイント】　低気圧は寒冷な空気も温暖な空気も周囲から吹き込んでくるので気団の発生につながらないが，高気圧は一様な空気を周囲に広げるから気団の発生につながる。

―――――――――――――――――――――――――― 気 団 と 視 界

問題　37　不安定気団の中では視界がよく，安定気団の中では視界が悪いのは
なぜか。

解答　気団の下層が加熱されると，気団は不安定化して雲や雨を生じやす
い。このような気団が不安定気団である。また気団の下層が冷却されると，
気団は安定化しよい天気になる場合安定気団という。

1　不安定気団のもとでは風は突風性を帯びる。このようなときは大気中の浮
遊物は吹き散じてしまうので，降水がなければ視界がよい。

2　安定気団では風が弱いので，大気中の浮遊物は気団内に多くとどまり視界
を悪くする。

―――――――――――――――――――――――――― 気　　　　　団

問題　38　日本近海に影響を及ぼす気団の名称およびその影響について説明
せよ。

解答

名称	日本に及ぼす影響	出現期	対応する高気圧
1.　シベリア気団	1.　発源地では，低温で乾燥。 2.　日本に冬の気候をもたらす。 3.　北西季節風が流向する。 4.　日本海で変質して，日本海側に雪と雨をもたらす。 5.　太平洋側では晴れるが，乾燥したからっ風が吹く。	冬	シベリア高気圧
2.　オホーツク海気団	1.　発源地では，低温で多湿。 2.　日本各地は，北東風が流向する。 3.　うすら寒い，雲の多い，陰うつな天気になる。 4.　梅雨期や秋雨期には，小笠原気団との間に停滞前線を作って南岸に停滞する。	春 梅雨 秋	オホーツク海高気圧

3. 小笠原気団	1. 発源地では高温で多湿。 2. 日本に夏の気候をもたらす。 3. 南東〜南西の季節風が流向する。 4. 各地とも，一般によい天気でむし暑い。 5. 日射のため，日中陸上では雷雨や夕立ちを見ることがある。 6. 北海道〜千島の東方海上から三陸沖にかけて霧を発生させる。	夏	小 笠 原 高 気 圧
4. 揚子江気団	1. 発源地では温暖で乾燥。 2. 春秋の頃，移動性高気圧として日本にあらわれる。 3. この気団内では，日中，天気が良く，暖かい。風も弱い。 4. 夜間は，放射冷却が大きいので冷え込み，春の晩霜（おそじも）などを起こす。	春 秋	揚 子 江 高 気 圧
5. 赤 道 気 団	1. 発源地では，非常に高温で多湿。 2. 台風期や梅雨期の豪雨の際に狭い範囲で舌状に侵入している。これを湿舌という。	梅 雨 秋	———

━━━━━━━━━━━━━━━━━━━━ 高気圧の種類

問題 **39** 日本付近で天候に影響する高気圧の種類をあげ説明せよ。

〔解答〕 **1** シベリア高気圧，オホーツク海高気圧，小笠原高気圧，移動性高気圧。

2 それぞれの高気圧の説明は問38〔解〕，問40〔解〕参照。

――――――――――――――――――――――――――――――――――移動性高気圧
問題 **40**　移動性高気圧についてのべよ。

　(解答)　*1*　シベリア高気圧から分離して西から東に移動する高気圧と揚子江
高気圧が移動性高気圧となって移動してくるものとある。
2　春，秋の候に多い。
3　中心付近からその前面の東側にかけて晴または快晴となっているが，後面
の西側にかけては雲が多くなり，低気圧面の雨域につながっている。
4　移動性高気圧の後から，低気圧がついてくることが多いので，好天は長続
きせず，一両日で崩れ出す。
5　中心付近は好天で風が弱いので，夜間の放射冷却が盛んで，春には晩霜を
みることがある。

――――――――――――――――――――――――――――――――――高気圧内の天気
問題 **41**　高気圧内では天気がよいのはなぜか。

　(解答)　*1*　高気圧内では下降気流がある。
2　水滴を含んだ空気が大気中を下降すると，断熱昇温して水滴がどんどん蒸
発して温度が上がり，雲が切れ，天気がよくなる。

――――――――――――――――――――――――――――――――――高気圧の成因
問題 **42**　オホーツク海高気圧と小笠原高気圧の成因をのべよ。

　(解答)　*1*　オホーツク海高気圧の成因は，下層は低温な海水に接しできた寒
冷高気圧の性質を持つが，上層には偏西風波動から分離したブロッキング高
気圧が重なり，温暖高気圧の性質を持つことがある。
2　小笠原高気圧の成因は問43解1―2参照。
　〔注〕　上層の偏西風は北極を中心にみると，南北に蛇行しながら反時計回りに吹いており，これ
　　　を偏西風波動という。
　　　　この波動の振幅が大きくなると，波動の北側に切離高気圧（ブロッキング高気圧）が，波動
　　　の南側に切離低気圧（寒冷渦）が発生する。

問題　**43**　高気圧・低気圧の成因を説明し，両者の相違を説明せよ。

[解答]　**1**　高気圧の成因
1. 寒冷高気圧（背の低い高気圧）

　　寒冷な地表面に接した空気が冷却して，気温の低い重い空気がたまって高気圧ができる。このように熱的な原因によってできる場合で熱的高気圧ともいう。例えば，シベリア高気圧がそうであり，冬季によく発達する。

2. 温暖高気圧（背の高い高気圧）

　　空気が温暖であるにもかかわらず，亜熱帯高気圧のように，力学的に上空に空気がたまってできる高気圧で，力学的高気圧ともいう。例えば，小笠原高気圧がそうである。

2　低気圧の成因
1. 寒帯気団と熱帯気団が接触して前線を発生する。
2. やがて前線の北側の寒気が南に進出し，南側の暖気が北側に進出して，前線の波動が発達すると，低気圧が発生する。
3. すなわち，低気圧の成因は前線の波動である。

3　高気圧と低気圧の相違点。

	高　　気　　圧	低　　気　　圧
定　　義	相対的に周囲の気圧よりも高い所	相対的に周囲の気圧よりも低い所
風　　向	時計回りに中心より吹き出している。	反時計回りに中心へ向かって吹き込んでいる。
風　　速	弱い。	前線付近で強い。
天　　気	中心付近に下降気流があり，雲が切れて，好天。	中心付近より上昇気流があり，雲が多く雨を伴う。

【ポイント】　単に低気圧といえば，ふつうは温帯低気圧のことを指す。

問題　**44**　温帯低気圧の発生から消滅までの順序をのべよ。

[解答]　(1)　寒暖両気団の間に停滞前線がある。
　(2)　発生期：暖気が寒気の方に入り込み，寒気が暖気の方に入り込んで前

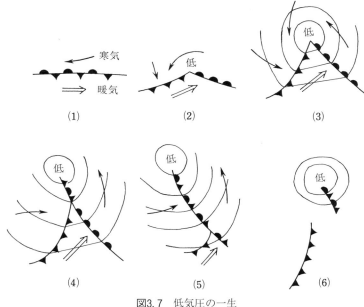

図3.7　低気圧の一生

線は波動を起こす。

(3)　発達期：寒気と暖気の入り込みがさらに大きくなって低気圧は発達する。

(4)　閉塞期：やがて寒冷前線は温暖前線に追いついて閉塞が始まる。この頃が低気圧の最盛期である。

(5)　衰弱期：閉塞がさらに進むと，暖気の補給がとだえて衰弱に向かう。

(6)　消　滅：閉塞が完了し，寒気だけの渦巻が残っているがやがて消滅する。

─────────────────────────── 低気圧の発生場所・進路・天候

問題　**45**　温帯低気圧の発生場所と進路およびそのときの天候状態をのべよ。

解答　**1**　黒竜江，バイカル湖方面で発生して東進し，樺太を通るもの。北日本では悪天となるが，ほとんどの地域では直接の影響がない。

2　中国東北地区，華北，華中，日本海で発生して日本海を通り，北海道方面

に抜けるもの。

　中部日本以北の日本海沿岸で雨量が多くなり，前線通過時には強風や突風も伴う。

　日本海側が暖域に入っていて，南寄りの風が強いときは，日本海沿岸各地にフェーン現象を起こすことがある。

3　揚子江，華南，台湾付近で発生して本邦の太平洋岸を北東に進むもの。

　太平洋岸一帯に雨をもたらし，北日本の一部を除いて，全国的に天気は悪くなっている。東シナ海低気圧といわれる低気圧の経路でもある。進行速度が速く，猛烈に発達することがある。

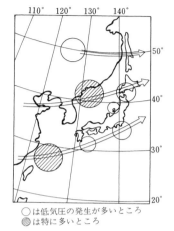

○は低気圧の発生が多いところ
◎は特に多いところ

図3.8　低気圧の経路

=低気圧の進路予報

問題　**46**　個々の低気圧の進行方向を予測するにはどうしたらよいか。　❷

解答　*1*　若い低気圧は暖域内の等圧線の方向に進む。

2　気圧の谷を進む。すなわち，前線の方向や雨域に沿って進む。

3　気圧の最も下がる方向へ進む。「気圧等変化線図」を書くとよい。

4　等圧線が楕円をしていれば，その長軸の方向に進む。

5　500hPa面（高層天気図）の等高線の方向に進む。

=日本近海の温帯低気圧

問題　**47**　日本近海で特に温帯低気圧がよく発生する原因についてのべよ。

解答　*1*　日本近海は寒気団の接触する寒帯前線帯に当たっている。この前線帯上には前線が存在しやすく，前線が不安定であれば低気圧発生となる。

2　上層偏西風波動による気圧の谷，特に停滞性長波の谷に当たる地域は低気圧が発生しやすく，東シナ海や日本海はこの長波の谷に当たる。

3　海上では，下層からの熱と水蒸気の供給が充分なので，低気圧発生に都合がよい。

――――――――――――――――――――――――――温帯低気圧の発達

問題 **48** 温帯低気圧が日本近海に出ると発達する理由。

〔解答〕　**1**　低気圧の発達には，低温な寒気と高温な暖気が充分多量に補給されることが必要である。

1. 大陸で発生した低気圧が，日本海や太平洋に出て，高温な熱と水蒸気の供給を受けて発達する。
2. 大陸からの寒気の吹き出しは，波状的に新しい寒気を送り出すので，海上では大陸の寒気と海上の暖気との気温差が大きくなって発達する。

2　上層偏西風波動の長波の谷が冬季は日本近海に位置しているので発達に都合がよい。

――――――――――――――――――――――――――低気圧と悪天候

問題 **49** 低気圧は天気が悪い理由をのべよ。

〔解答〕　**1**　低気圧内では上昇気流がある。

2　大気が上昇すると，断熱冷却してやがて露点温度以下になり，雲を発生して降水を伴うようになる。

【ポイント】　低気圧といえば温帯低気圧のことを指す。温帯低気圧には寒冷前線・温暖前線・閉塞前線が伴うので，これら前線により天気が悪くなる。

――――――――――――――――――――――――――低気圧の通過

問題 **50** 温帯低気圧が本船の北側を通過してゆくときの天候変化についてのべよ。

〔解答〕　この場合，温暖前線に続いて寒冷前線が通過するから，各気象要素は下表のように左から右へ変化していく。

	温　暖　前　線		寒　冷　前　線	
	通過前から通過中	通　過　後	通過前から通過中	通　過　後
気圧	気圧はどんどん下がる。	下がりは止まってほぼ一定となる。	ほぼ一定か，通過直前にやや下がる。	気圧はどんどん上がり出す。
気温	寒域の中のため気温は低め。	暖域の中に入るので気温は上がる。	引きつづいて気温は高め。	再び寒域の中に入り，気温は下がる。

風	南東風で通過中は風力やや強まる。	南西風に変わる。	引きつづいて南西風で通過中は突風を伴う。	北西風に変わる。
雲	接近につれて，巻雲，巻層雲→高層雲→乱層雲と変化する。	層雲や層積雲が残るが，雲は切れて晴れる。	接近とともに，高積雲→高層雲→乱層雲→積雲，積乱雲となる。	高層雲や高積雲が残るが，雲は切れてくる。
雨	500km前方からしとしと雨が降り出す。	雨が上がり，晴れ間がのぞく。	しゅう雨 ⎫が短時 雷　　雨 ⎭間降る	雨が上がり晴れてくる。

【ポイント】　温帯低気圧が本船の南側を通過する場合は，前線の通過がないので，激しい気象の変化は起こらず，以下のように変化するので，違いを理解しておく。

　　気圧：次第に下降し，低気圧の中心が真南に来たとき最低となり，以後次第に上昇

　　気温：終始気温は低めだが，通過後一層下がる

　　風：南東寄りの風から次第に反時計回りに，東→北東→北→北西と変化する。低気圧の中心が一番近づいたとき，最も風が強い

　　雲と降水：温暖前線が接近する場合と同様に変化し，低気圧の中心付近で雨の降り方は強くなる

━━━━━━━━━━━━━━━━━━━━━━━━━━━━━ 低気圧の若返り

問題　51　温帯低気圧の若返りについてのべよ。　　　　　　　　　**❷**

(解答)　衰えかけた低気圧が再び発達する場合をいう。

1　衰えた低気圧内に，新しい発達期の低気圧が合流するとき。

2　低気圧内に新鮮な冷たい寒気が送り込まれたとき，古い寒気を暖域として，第二次寒冷前線を作り，再び発達する。

3　低気圧が陸上から海上に出た場合，海面から水蒸気の補給を受けながら，下層が暖められて不安定化するとき。

━━━━━━━━━━━━━━━━━━━━━━━━━ バイス・バロットの法則(1)

問題　52　バイス・バロットの法則について。

(解答)　台風や低気圧の中心位置を推定する法則。

　「北半球において風を背に受けて立ち，左手を真横に上げれば，台風あるいは低気圧の中心はそのやや斜め前方（15〜30°）にある。」というものである。

【ポイント】　南半球では右手を上げればよい。

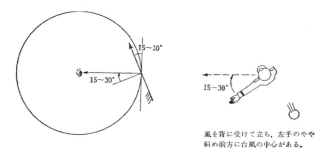

図3.9　バイス・バロットの法則

─────────────────────────────── バイス・バロットの法則(2)
問題　**53**　温帯低気圧にバイス・バロットの法則が適用し難い理由をのべよ。

━━

解答　熱帯低気圧，温帯低気圧にかかわらず一般に低気圧の中心を簡単にいい当てる法則であるが，熱帯低気圧の場合は中心に対して，等圧線が左右対称であるから良く当てはまる。

一方，温帯低気圧の場合は，前線があるため中心に対して左右対称ではない。さらに，発達過程において低気圧の形が変形しやすいので，この法則が適用し難いことになる。

─────────────────────────────────── 東シナ海低気圧
問題　**54**　東シナ海低気圧とは何か。

━━

解答　**1**　東シナ海低気圧とか台湾低気圧ということも多い。

2　冬～春先にかけてよく発達する。

3　台湾近海で発生して，本邦太平洋岸に沿って北東進する。

4　西高東低型の気圧配置がゆるんだ，気圧の谷で発生することが多い。

5　中心示度が１日で10hPa以上下がるとき，あるいは九州付近で中心示度が1,000hPa以下になるときは，日本近海で大シケになる恐れがある。

6　進行速度は速く，台湾近海から１日で九州南端，翌日は房総沖，翌々日北海道の東方海上に達する。

【ポイント】　東シナ海低気圧のことを日本の南岸を進むために，「南岸低気圧」と呼ぶことがあり，太平洋側に多くの降雪や，海上の大時化をもたらす。

━━━━━━━━━━━━━━━━━━━━━━━━━━━━━━━━ 低 気 圧 の 末 路

[問題] **55**　低気圧の末路はどうなっているか。

[解答]　**1**　日本を通過した低気圧は，次第に衰えながらアリューシャン方面に達する。

2　アリューシャン付近には絶えず衰弱した低気圧が存在するので，平均すると低圧部とになっている。これをアリューシャン低気圧という。

3　アリューシャン付近を低気圧の墓場ともいう。冬に顕著で，夏ははっきりしない。

4　北大西洋の場合はアイスランド低気圧である。

━━━━━━━━━━━━━━━━━━━━━━━━━━━━━━━━ 副 低 気 圧

[問題] **56**　副低気圧とは何か。また日本近海においてどのようなときに発生するか。　　　　　　　　　　　　　　　　　　　　　　　　　　　　　　　　❷

[解答]　**1**　副低気圧とは

1．　主低気圧に伴って後から発生する二次的な低気圧。

2．　独自の雲や雨。突風や雷雨などを起こす。

2　発生する場合

1．　大きな低気圧やⅤ状に延びた低圧部。

　　　主低気圧の等圧線の一部がふくれ出した形になり，その袋状の中が低気圧になる。

2．　地形性副低気圧。

　　①　主低気圧が通過中，陸地の風下の海上に発生する場合。

　　②　発生の多いところとして主低気圧が四国沖のとき若狭沖に，秋田沖のとき三陸沖に発生する。あるいは，この逆のときである。

3．　二つ玉副低気圧。

　　　主低気圧が東シナ海から日本海にぬけるとき，閉塞点が太平洋側にでき，この閉塞点を中心に新しい低気圧が発生する場合。

【ポイント】　2つの低気圧が日本列島を挟んで進行する場合を，「二つ玉低気圧型」という。
　　　この場合，活動が活発で，九州から東北地方にかけてかなりの雨量となる。

問題 **57**　前線の種類と記号と成因をのべよ。

解答

種　　　類	記　　　号	成　　　　　　　因
温　暖　前　線	●‿●‿●‿	暖気が寒気の上にのし上がってできるもの。
寒　冷　前　線	▲▲▲	寒気が暖気の下にもぐり込んでできるもの。
閉　塞　前　線	▲●‿●‿	寒冷前線が温暖前線に追いついてできるもの。
停　滞　前　線	▲‿▲‿●‿	暖気と寒気の勢力が等しく,ほとんど移動しないもの。

〔注〕　天気図に前線を記入する場合,温暖前線は赤,寒冷前線は青,停滞前線は青と赤を交互に,閉塞前線は紫で着色する。

問題 **58**　各前線の特徴をのべよ。

解答　　**1**　**温暖前線**

1.　ゆるやかな前線面（傾斜 1/200～1/300）に沿って暖気が上昇するので雨域は広いがおとなしい。
2.　層状雲と持続性のある地雨が特徴である。
3.　前線接近とともに1,000km前方から巻雲,巻層雲があらわれ,次第に厚く低くなって高層雲から乱層雲となって500km前方から雨が降り出す。

2　**寒冷前線**

1.　前線面も温暖前線より急で（傾斜 1/25～1/50）,寒気が暖気をすくい上げながら前進するので,垂直方向の上昇気流が発達し雨域は狭いが現象ははげしい。
2.　前線を挟んで前後300kmに積雲,積乱雲が発達し,雨は200kmの範囲に短時間のしゅう雨をみる。
3.　風は強く,突風や雷がある。

3　**閉塞前線**　　問64〔解〕**1**参照

4　**停滞前線**

1.　温暖前線と似た性質を持ち,現象はおとなしい。
2.　雨は前線の北側300kmに及ぶ。

3.　あまり移動しない前線なので，前線の北側ではぐずついた天気が続く。

【ポイント】　地雨：しとしと一様な降り方で，長く降り続く雨。
　　　　　しゅう雨：比較的大粒の雨がザーザーと，断続的に降る雨。

前　線　の　発　生

問題　**59**　前線の発生条件についてのべよ。

解答　**1**　一つの線に向かって両側から温度の違う気流（寒気と暖気）が収れんしなくてはならない。

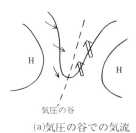
(a)気圧の谷での気流

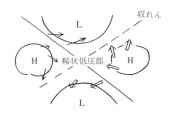
(b)鞍状低圧部での気流

図3.10

2　気圧の谷（V 状等圧線，U 状等圧線）と鞍状低圧部では前線が発生したり，存在することが多い。

本邦付近の前線の発生

問題　**60**　本邦付近の前線の発生理由。

解答　**1**　本邦付近は寒帯気団と熱帯気団の接触点に当たるため，寒帯前線帯が存在する。

2　寒帯前線帯を温床にして，擾乱が起こると前線がひんぱんに発生し，低気圧へと発達してゆく。

3　寒帯前線帯は夏はオホーツク海方面に，冬は本邦太平洋岸沖合い方面に存在する。

前　線　の　解　析

問題　**61**　天気図上で前線の有無はどうして見つけるか。　❷

解答　次の気象要素が前線のあるところでは大きく変わるので，その不連続

なところを探せばよい。

$$\left\{\begin{array}{l}気\quad\quad温, 風\quad\quad速\\湿\quad\quad度,\quad\quad雲\\風\quad\quad向,\quad\quad雨\end{array}\right\}問49〔解〕参照。$$

―――――――――――――――――――前線の方向と気象要素の変化

問題　62　低気圧にはどのような前線がどの方向にあり，その進行に伴う気象要素の変化はどうか。

〔解答〕　**1　前線の方向**
1.　温暖前線は中心から南東方に伸びている。
2.　寒冷前線は中心から南西方に伸びている。
3.　閉塞前線は中心から閉塞点まで，ほぼ南方に伸びている。
2　気象要素の変化
　　問50〔解〕参照
【ポイント】　停滞前線はほぼ東西方向に伸びているので，違いをはっきり理解しておく。

―――――――――――――――――――――――前　線　の　消　滅

問題　63　前線の消滅についてのべよ。

〔解答〕　**1**　前線の一方の気団や両側の気団が変質して，気温の差がなくなるとき。
2　前線の両側の気団が遠ざかる傾向を持つことによって，気温の不連続が減少するとき。

――――――――――――――――――閉塞前線とは，寒冷前線の速度

問題　64　閉塞前線とは何か。寒冷前線が温暖前線よりも進行速度の速い理由をのべよ。

〔解答〕　**1　閉塞前線とは**
1.　寒冷前線が温暖前線に追いついて閉塞前線を生じる。
2.　温暖前線側の寒気と寒冷前線の寒気の性質が異なり，両寒気が接して前線となる。
3.　暖気が上空にすくい上げられて，雨量は多い。

4. 寒冷型閉塞前線と温暖型閉塞前線がある。

2 寒冷前線が温暖前線よりも速い理由

1. 温暖前線を押す暖気は寒気を下方にとり込みながら進むこと, 寒気は地面の摩擦で後へ残りがちになることなどで, 傾斜はゆるくなるうえ, 速度も鈍る。

2. 寒冷前線を押す寒気は暖気をすくい上げながら進むこと, 上空の速い寒気が地上に降りてきて寒冷前線を押すことから, 温暖前線よりも速度は速い。

──────────────────────── 2つの閉塞前線

問題 **65** 温暖型閉塞前線, 寒冷型閉塞前線を説明せよ。

──────────────────────────────

〔解答〕 *1* **温暖型閉塞前線**

1. 温暖前線に伴う東側の寒気の温度が, 寒冷前線に伴う西側の寒気の温度よりも低いときにできる閉塞前線。

2. すなわち, 寒冷前線が温暖前線面を昇ってゆく状態である。

3. 大陸の西側で起こりやすい。例えば, カリフォルニア沿岸。

2 寒冷型閉塞前線

1. 温暖前線に伴う東側の寒気の温度が, 寒冷前線に伴う西側の寒気の温度よりも高いときにできる。

2. すなわち, 寒冷前線が温暖前線を持ち上げてゆく状態である。

3. 大陸の東側で起こりやすい。例えば, 日本近海。

寒冷型閉塞前線　　　　　　　　温暖型閉塞前線

図3.11　2つの閉塞前線

━━━━━━━━━━━━━━━━━━━━━━━━━━━━━━━━━━ 赤　道　前　線
問題　66　赤道前線の成因についてのべよ。❷

（解答）　*1*　北半球の北東貿易風と南半球の南東貿易風が収れんしてできる収れん線である。

2　同じ性質の気団で風向の不連続によって発生する。したがって，赤道収れん線，赤道収束帯という。

━━━━━━━━━━━━━━━━━━━━━━━━━━━━━ 梅雨前線の成因
問題　67　梅雨前線の成因をのべよ。

（解答）　*1*　初夏の頃，オホーツク海に中心を持つオホーツク海高気圧が冷湿な北東気流を日本近海に送り込んでくる。

2　小笠原高気圧が次第に強まりながら，温湿な南よりの気流を日本近海に送り込んでくる。

3　両者の気流が本邦の南方海上で接触して，勢力がほとんど同じなので停滞前線をつくる。これが梅雨前線である。

━━━━━━━━━━━━━━━━━━━━━━━━━━━━━ 梅雨前線の停滞
問題　68　梅雨前線の停滞する原因についてのべよ。

（解答）　*1*　オホーツク海気団と小笠原気団の勢力がほぼ等しいこと。

2　オホーツク海高気圧の上空には，偏西風波動によるブロッキング高気圧が長期間存在して，地上の低気圧や前線の北上を押えること。

━━━━━━━━━━━━━━━━━━━━━━━━━━━━━━━━ 空　梅　雨
問題　69　空梅雨はどんな場合に起こるか。また梅雨中の北海道の気候についてのべよ。

（解答）　*1*　空梅雨

1.　オホーツク海高気圧が例年より強く，南方に張り出して，梅雨前線がはるか沖合いになるとき。

　　雲は多いが，雨は少なく，季節が進むと，オホーツク海高気圧は一気に

後退して夏に入るとき。

2.　小笠原高気圧の発達が早く，梅雨前線が北に位置して，本邦の北部に雨
　　が多くなるが，その他の各地では空梅雨になる。

2　梅雨時の北海道

1.　梅雨期間は6月中旬～7月中旬までをいい，この頃は東北の南部以西に
　　梅雨現象は顕著であって，東北の北部・北海道はあまり雨量は多くない。

2.　季節が進んで，梅雨前線が北上した7月下旬に東北の北部・北海道で雨
　　量が多くなるので，むしろこの頃が北海道の梅雨とみなせる。

3.　7月下旬には梅雨を構成する小笠原高気圧の勢力が急に強まり，雨の期
　　間が短いために，北海道には梅雨がないとも言われる。

───────────────────────────── 梅雨と気圧配置

問題　**70**　梅雨前線と気圧配置についてのべよ。また梅雨明け後の日本付近の
気圧配置はどうか。

解答　*1*　**梅雨時の気圧配置**

　この頃の気圧配置を梅雨型といい，本邦の南方海上にある停滞前線をはさ
んで，北にオホーツク海高気圧，南に小笠原高気圧が位置している。

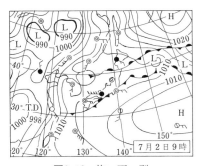
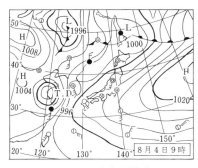

図3.12　梅　雨　型　　　　　　　　　図3.13　南高北低型

2　梅雨明け後の気圧配置

梅雨明け後は夏型の気圧配置になる。

南方に小笠原高気圧，大陸方面が低圧部になって，南高北低型の気圧配置になる。

小笠原高気圧の張り出しが，北にかたよれば，東高西低型になる。

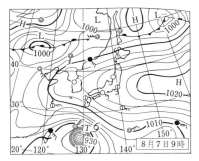

図3.14　東高西低型

───────────── 梅雨前線の発生・消滅

問題　**71**　梅雨前線の発生より消滅に至るまでの過程を説明せよ。

解答　*1*　**梅雨前線の発生**

1.　問67〔解〕参照。
2.　この頃，オホーツク海高気圧の上空はブロッキング高気圧が形成されて，地上の低気圧の行手を妨げたり，梅雨前線の北上を押えるので，雨がちの天気が続く。

2　**梅雨期間中**

オホーツク海高気圧あるいは小笠原高気圧が一時的に強まって，梅雨前線が南下したり北上したりすることがある。このとき晴れ間を見せることがあり，梅雨の中休みという。

しかし，一両日でもとの位置にもどり，梅雨がつづく。

3　**梅雨前線の消滅**

1.　7月もなかば頃になると，オホーツク海高気圧の衰えとともに，小笠原高気圧が急速に強まり，梅雨前線を北に押しあげてゆく。このとき各地に大雨をもたらせることがあるので，梅雨末期の大雨などという。やがて，本邦が小笠原高気圧におおわれると梅雨前線が消滅し，夏になる。
2.　梅雨期間中，上空にあったブロッキング高気圧が消滅すれば，梅雨前線も消滅する。

=== 春　の　天　気

問題　**72**　春の天気の特徴について説明せよ。

───

（解答）　**1**　シベリア高気圧が衰えて，寒帯前線帯が北上して日本付近にくる。日本海を通る低気圧が増える。

2　3〜4月にかけては，天気の変化が早く4日周期の天気といわれる。
　移動性高気圧による穏やかな天気もすぐに崩れて低気圧が続く。またその後に移動性高気圧がくるということを繰り返す。

3　春の日本海低気圧の特徴は中心に吹き込む暖域の南風が強いこと。日本海沿岸ではフェーン現象に注意しなくてはいけない。

4　5月になると，移動性高気圧も安定してきてよい天気が続くようになる。特に移動性高気圧が東西にいくつもつながった帯状高気圧型は好天持続型である。

〔注〕　寒帯前線帯とは具体的な前線のことではなく，熱帯気団と寒帯気団の接触域のことで，こ
　　　こに前線ができやすい地帯のこと。

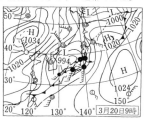

（a）　低気圧があり，全国的
　　　に雨の天気。

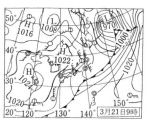

（b）　低気圧が去り，移動性
　　　高気圧が接近。曇りがち
　　　の天気。

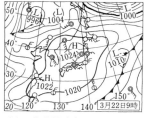

（c）　移動性高気圧がおおい
　　　穏やかな好天。

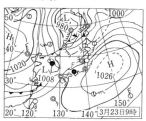

（d）　移動性高気圧が去り，
　　　低気圧が接近。天気，崩
　　　れだす。

図3.15　四日周期の天気

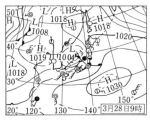

図3.16　日本海低気圧型

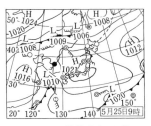

図3.17　帯状高気圧型

〔注〕　日本海低気圧型によってもたらされる大南風がその年に初めて襲うもの（例年2月中旬頃）を特に「春一番」という。

熱帯低気圧と温帯低気圧の相違

問題　73　台風と温帯低気圧の相違点をあげよ。

〔解答〕

相　違　点	熱帯低気圧（台風）	温帯低気圧
前　　　線	持たない	持　つ
運動状態	渦　動	前線の波動
眼	あ　る	な　い
発生地	低緯度	中緯度
活動期	主として夏季	主として冬季
進　　　路	西進 or 西進後転向して北東進	東進する
風　力	非常に強い	比較して弱い
暴風範囲	中心付近に集中して，狭い	前線に沿って広がるので，広範囲
気圧傾度	急　峻	比較してゆるい
中心気圧	960hPa 以下も珍しくない	980hPa 以下では大低気圧である
等圧線の形	ほぼ円形	不　規　則

【ポイント】　両者の比較であるから，温帯低気圧の風が比較して弱いといっても，風が弱いと錯覚してはならない。南岸低気圧のように急速に発達した低気圧では，台風並みの中心気圧となり，風も台風並みとなることがある。

台風の発生原因

問題　74　台風の発生原因についてのべよ。

〔解答〕　**1**　フィリピンの東方海上にある赤道収れん線は，北東貿易風，南東貿易風，東南アジアの南西季節風が会合して不安定である。

2　貿易風帯の上空を吹いている偏東風波動が近づいてきて，収れん線に擾乱
を起こすためである。

=== 熱帯低気圧と台風

問題　**75**　熱帯低気圧と台風は違うものか。

(解答)　**1**　本質的に同じものである。熱帯に発生する低気圧を熱帯低気圧と
いうが，180°Eより西の北太平洋と南シナ海に発生するものを台風と呼ぶ。
2　ただし，この熱帯低気圧は風速によって，熱帯低気圧と台風に分けられて
いる。

総　　称	日本での呼び名	気象庁風力階数	最大風速	国際的な呼び名	最　大　風　速
熱帯低気圧 トロピカル tropical サイクロン cyclone	熱帯低気圧	7以下	34kt (約17m/s) 未　満	トロピカル tropical ディプレッション depression	34kt (約17m/s) 未　満
熱帯低気圧 トロピカル tropical サイクロン cyclone	台　風	8以上	34kt (約17m/s) 以　上	トロピカル　ストーム tropical storm	34kt (約17m/s)以上
熱帯低気圧 トロピカル tropical サイクロン cyclone	台　風	8以上	34kt (約17m/s) 以　上	シビア　トロピカル severe toropical ストーム storm	48kt (約25m/s)以上
熱帯低気圧 トロピカル tropical サイクロン cyclone	台　風	8以上	34kt (約17m/s) 以　上	タイフーン typhoon	64kt (約33m/s)以上

3　上の表から，日本では熱帯低気圧のうちで風力8以上のものを台風と呼ぶ。
国際的には3つに分けている。

=== 世界の熱帯低気圧

問題　**76**　世界における熱帯低気圧のおもな発生場所とその呼び名について
のべよ。　　　　　　　　　　　　　　　　　　　　　　　　　　　　　❷

(解答)　世界に発生する熱帯低気圧は地域によって別の名前がある。
1　台風：フィリピン東方海上や南シナ海で発生するもの。年間27個位で，世
界で最も発生数が多い。
2　ハリケーン：
1.　北大西洋のカリブ海，メキシコ湾で発生し，アメリカ合衆国やメキシコ
をおそう。年間15個。

2．　北太平洋のメキシコの南方海域から西方沿岸に発生するもの。年間10個。

3　サイクロン：インド洋および南太平洋に発生するものをいう。

1．　ベンガル湾，アラビア海に発生するもの。年間7個。

2．　南半球のインド洋西部で発生し，アフリカ東岸，マダガスカル島をおそう。モーリシャス・ハリケーンともいう。年間9個。

3．　オーストラリア西方海上で発生するもの。年間5個。

4．　南太平洋のオーストラリア東方海上に発生し，オーストラリア東岸，ニュージーランド諸群島をおそうもの。年間9個。

〔注〕　1．　それぞれ，各地域の夏に多いが，ベンガル湾・アラビア海では春・秋に多い。

　　　　2．　発生数の比較はそれぞれ風力8以上を対象としている。

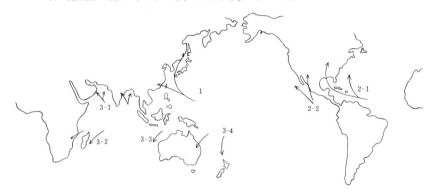

図3.18　世界の熱帯低気圧（図の番号は本文の番号に対応する）

━━━━━━━━━━━━━━━━━━━━━ 台風の危険半円

問題　77　台風の危険半円とは何か。また，なぜ危険半円というのか。

(解答)　**1**　台風の中心を通る進行軸に対して，右半円を危険半円という（図3.19参照）。

2　(1)　台風を押し流す風（一般流という）が台風自身の持つ風系と同方向である。このため，台風自身の風に一般流が加わって風が強くなる。

　　(2)　右半円に入った船舶は，中心に流されるような風系を受ける。

【ポイント】　台風の進行軸に対して，左半円を可航半円という。この場合，一般流と台風の風系が逆になるので，風は幾分弱められる。さらに，風系は船を中心から外側に押す方向を向いている。可航半円といっても風が幾分弱まるだけであるから，十分警戒する必要があるのは当然である。

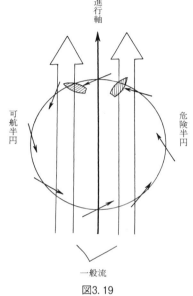

図3.19

━━━━━━━━━━━━━━━━━━━━━ 台風内での航法

問題　78　危険半円と可航半円における航法をのべよ。

(解答)　**1**　危険半円ではR. R. R. の法則を使う。RはRight（右）のことであるから，危険半円（右半円）に入ったときは，風を右舷船首に受けて避航したらよい。そのとき，風は右転（順転）する。

2　可航半円ではL. R. Lの法則を使う。LはLeft（左）のことであるから，可航半円（左半円）に入ったときは，風を右舷船尾に受けて避航したらよい。そのとき，風は左転（逆転）する。

【ポイント】

1.　南半球では地球自転の偏向力（コリオリ力）が北半球と反対向きになるので，危険半円は左半円となり，船は風を左舷船首に受けて避航する。

2.　赤道に鏡を立て，そこに写る北半球の現象が南半球の現象となる。

――――――――――――――――――――――――――台風と自船の位置
問題　**79**　台風圏内において自船がどの象限にいるかを知る方法をのべよ。
――――――――――――――――――――――――――

(解答)　**1**　左半円か右半円か（図3.20の番号より）

1—1.　風向が順転（右回り）するときは台風の右半円にいる。

　　　　例えば，台風が北上しているとき右半円にあれば，風向は東→南東→南→南西と変化する。

1—2.　風向が逆転（左回り）するときは台風の左半円にいる。

　　　　例えば，台風が北上しているとき左半円にあれば，風向は北東→北→北西→西と変化する。

進行軸　　　台風の進行軸上にあれば，風向の変化はないが，台風の目を過ぎれば風向は反転する。

2　前面か中心か後面か（図3.20の番号より）

　　主として気圧の変化によって知ることができる。

2—1.　気圧がどんどん下がり風や雨がますます強くなれば，台風の前面にあたる。

2—2.　気圧が底をつき，風雨の強さもピークに達するとき，台風の中心が真横にきている。

　　　進行軸上におれば，台風の眼に入り，風もおさまり，雨がやんで晴れ間がのぞく。気圧は最低を示す。

2—3.　気圧が次第に上がり出せば，台風の中心を過ぎて後面に入ったことになり，風雨もやがて弱まってくる。

　　　進行軸上におれば，眼の通過と同時に風向は急に反転し，再び暴風のまっただ中に入り，やがて弱まってくる。

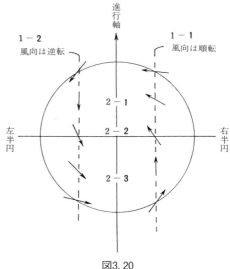

図3.20

―――――――――――――――――――――――――― 台風の転向点
<u>問題</u>　**80**　台風の転向点とは何か。

―――――――――

<u>解答</u>　台風の進路が西寄りから東寄りに変わることを転向といい，この場所
を転向点という。偏東風の中を西寄りに移動しながら北上してきた台風が，
上空の気圧の谷に引きずられて向きを変え偏西風の中に入っていくもので，
転向点は平均的に28°N付近である。

―――――――――――――――――――――――――― 台　風　の　中　心
<u>問題</u>　**81**　台風の進路 NNE，本船の風向 East である台風の中心方向はどちら
か，また右半円か左半円かを図示せよ。
ただし，等圧線と風向のなす角を2点（22.5°）とする。　　　　　　　❷

―――――――――

<u>解答</u>　図3.21のように作図する。台風の進路 NNE は N から2p′t であり，
風向 East は進行軸上であることがわかる。
　　したがって，その反方位，SSW に台風の中心がある。

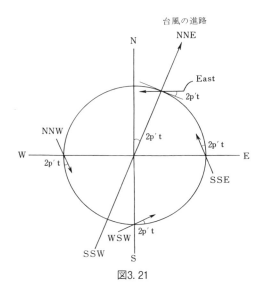

図3.21

━━━━━━━━━━━━━━━━━━━━━━━ 熱帯低気圧の針路

問題　82　熱帯低気圧が中国大陸へ行くときがあるがなぜか。台風の主な針路は。

━━━

〔解答〕　**1　中国大陸に行く場合**

1.　上空の偏西風波動の気圧の谷の勢力が弱く，低緯度に影響を及ぼさないとき。7，8月頃は比較的，上空の気圧の谷は弱い。

2.　低緯度では，かなり高くまで偏東風が吹いている。この偏東風がはるか西まで広がっている場合。

2　台風の主な針路

1.　発生数のうち，1/3はそのまま西進して，大陸に上陸する。

2.　残りの2/3は，一時西進後，22°〜32°Nで転向して，北東進する。

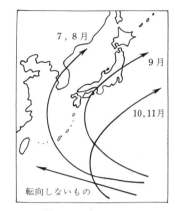

図3.22　台風の経路

〔注〕　転向する台風の季節による経路の変化は，小笠原高気圧の強い7，8月には，転向点が30°N付近にあって，転向後は朝鮮から沿海州に抜けるものと，日本海を北東進するものが多い。

　9月になると，小笠原高気圧が後退してきて，転向点は南に下り，経路も東に寄って日本を襲いやすくなる。

　10，11月は，転向点がさらに南東へ移動して，経路も南東に寄り，台風は本邦の太平洋沖合いを通過するようになる。

━━━━━━━━━━━━━━━━━━━━━━━ 台風の放物線進路

問題　83　台風が放物線を画いて進む理由を説明せよ。

〔解答〕　**1**　上空の北からのびる強い偏西風の谷に出あうと向きを北に変える。

2　やがて偏西風の影響下に入ると，北東進する。

3　小笠原高気圧は背の高い高気圧で，この周辺の気流に流される。すなわち，台風は小笠原高気圧を右にみて進む。

　台風の経路は問題82，図3.22からもわかるように，小笠原高気圧の季節的消長に影響される。

────────────────────────────── 台 風 の 予 報

[問題]　**84**　台風の進路を推定する方法をのべよ。　　　　　　　❷

[解答]　**1**　一般流による方法。上空の台風を押し流す風のことで，進路・速度が支配される。偏西風や小笠原高気圧の気流の状態を調べる。

2　気圧の谷による方法。台風は気圧の谷を進むことから，等温線に沿って進む。雨域を進む，前線帯を進むといいかえてもよい。

3　気圧変化による方法。台風は気圧の最も下がる方向に進むことから，気圧等変化線図を作って気圧変化傾向を知ることができる。

4　偏西風波動の気圧の谷による方法。上空の気圧の谷にひきずられて転向する。

────────────────────────────── 台 風 の 衰 弱

[問題]　**85**　台風が陸上に上がると衰弱する理由。

[解答]　**1**　摩擦抵抗が大きい。

2　エネルギー源である豊富な水蒸気の補給がとだえる。

【ポイント】　台風のエネルギー源は，大気が上昇する際水蒸気が凝結して放出する潜熱である。

────────────────────────────── 台 風 と 前 線

[問題]　**86**　1.台風の末期に前線ができる理由。
　　　　　　　　2.秋の台風に前線ができる理由。

[解答]　**1**　**台風末期の前線**
　　台風の末期では，かなり北上しているため，北にある寒帯気団をとりこみ，台風のもたらした熱帯気団の間で前線を発生することがある。

2　**秋台風の前線**

　1.　秋も深まると，本邦付近は寒帯前線帯になる。

　2.　寒気団の勢力が強まり，南北の気温差が大きくなる。

　3.　台風が本邦付近にさしかかると，台風の熱帯気団との間で前線を発生する。

【ポイント】　前線を持つようになることを，**台風の温帯低気圧化**という。

—————————————————————————————————— 高　潮

問題 87 高潮（たかしお）の原因についてのべよ。

（解答）　台風の通過によって湾内の水位が急激に上昇する現象である。

1　気圧が低いために水面が盛り上がる。中心気圧が 1 hPa 下がるごとに海面が 1 cm 上昇する。

2　暴風による海水の湾内への吹き寄せ。湾口が台風の風系に対して開いていて，湾が浅く細長いと吹き寄せによる海面の上昇も大きい。

3　さらに，潮汐が満潮時であると水位はさらに上がる。

【ポイント】　日本では太平洋岸に向かって湾口が開いていて，台風がそこの西側を北東進するときに起こりやすく，有明海，周防灘，大阪湾，伊勢湾，東京湾で顕著である。

—————————————————————————————————— 台風の通過(1)

問題 88 東京湾において台風が通過するとき，台風がどこを通過したらしのぎやすいか。

（解答）　台風は太平洋岸を通過した方がしのぎやすい。その理由は，

1　可航半円であるだけでなく，風が陸岸からくるので風速はさらに弱められる。

2　風が陸岸から湾口の方に吹くから乗揚げの危険が減る。

3　高潮が起こり難い。

 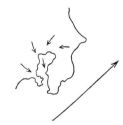

(a)台風が湾の北方を通るとき　　(b)台風が湾の南方を通るとき

図3.23

━━━━━━━━━━━━━━━━━━━━━━━ 台風の通過(2)

問題 89 神戸港に停泊中，播磨灘に台風が接近し，NNE に進む場合，風および天候はどうなるか。

(解答) **1** 東寄りの風から南に変わり風も強くなる。
2 右半円に当たるので風速が強く，雨足も激しくなる。
3 南寄りの波と高潮に注意する。
4 陸岸への走びょうや岸壁への圧着に注意する。

━━━━━━━━━━━━━━━━━━━━━ 日本近海での突風

問題 90 日本近海で突風が起こる場合を説明せよ。 ❷

(解答) **1 寒気突風**
　冬の季節風（大西風）が吹くとき，寒気団が日本近海で不安定になったり，寒気団が波状的に襲来してくるときに突風が起こる。
2 暖気突風
　不安定線といい，温帯低気圧の暖域内に寒冷前線から分離して，早く進行する気流の収束帯がある。これに伴う突風をいう。
3 寒冷前線に伴う突風
　寒冷前線が発達して，暖気が急速にすくい上げられ，上空から寒気がはげしく下降してくるとき。
4 台風に伴う突風
　台風の中心に吹き込む強い気流が地形の影響で乱されて突風となる。

━━━━━━━━━━━━━━━━━━━━━━ 春先と冬の突風

問題 91 春先に突風が起こるのはなぜか。また冬の突風について説明せよ。
❷

(解答) **1 春先の突風**
　春先には，低気圧が本邦を通過するとき，寒冷前線が急に発達することが多い。
　1. それに伴って暖域の風が強くなる。
　2. 不安定線に伴う暖気突風。

3. 寒冷前線に伴う突風。

2 冬の突風

上記の2,3に加えて，冬には季節風の吹き出しに伴う，寒気突風が顕著である。

───────────────────────────── 気 圧 の 谷
問題 **92** 気圧の谷について説明せよ。またその部分が天気の悪い理由はなぜか。

（解答） **1** 低気圧の中心から細長く伸びた低圧部をいう。

2 等圧線の形によって，V状等圧線とU状等圧線と呼ばれる気圧の谷がある。

3 気圧の谷の軸線に沿って気流が収れんするので，上昇気流を生じ雲ができて，雨がちの天気となる。

4 気圧の谷には前線ができやすい。

───────────────────────────── 霧 の 種 類
問題 **93** 発生原因による霧の種類についてのべよ。

（解答） 海上で発生する主な霧の種類は，移流霧，蒸気霧，前線霧で，これに港湾や沿岸で陸上の霧である放射霧が海上に出て海上の霧とが合わさる混合霧などがある。

　　　　問94〔解〕 ⎫
　　　　問95〔解〕 ⎬ 参照
　　　　問96〔解〕 ⎪
　　　　問97〔解〕 ⎭

───────────────────────────── 瀬 戸 内 海 の 霧
問題 **94** 瀬戸内海に霧が発生する時期，霧の種類ならびにその理由をのべよ。

（解答） **1** 時期：3〜7月。

2 種類：移流霧，前線霧，放射霧

3 理由：

移流霧

周辺の暖かい気流が冷たい海上に出て冷やされ，霧を発生する場合。

前線霧

1. 前線霧には温暖前線, 寒冷前線, 停滞前線などに伴う霧がある。

2. 前線による雨が落下してゆくとき, 雨滴が蒸発したり, 海面から蒸発したりして水蒸気が飽和して露点温度に達し, 霧の発生をみる。

特に瀬戸内海の 6, 7 月には梅雨前線 (停滞前線) に関連した前線霧が移流霧に重なると霧は濃くなる。

放射霧

輻射霧ともいう。冬季陸地の放射冷却によってできた霧が, 海上に流れ出すとき見られ, 日中には消える。規模は小さい。

【ポイント】　瀬戸内海の霧の原因を混合霧に求める説もあるが, 主因ではない。

=== 前 　 線 　 霧

問題　**95**　温暖前線の前線霧の成因についてのべよ。

―――

解答　問94〔解〕参照。

1　暖気内の雲から落下する雨が, 寒気内に落下するとき, 雨滴の蒸気圧が寒気の蒸気圧よりも大きいので, 雨滴から蒸発が起こる。

2　ぬれた地面からも蒸発が起こる。

3　水蒸気が飽和に達すると同時に, 蒸発により潜熱が奪われて温度が下がり霧になる。

4　寒気が安定で風があまり強くないことが必要である。したがって寒冷前線よりも温暖前線や停滞前線の場合の方が起こりやすい。

=== 三 　 陸 　 沖 　 の 　 霧

問題　**96**　金華山沖で霧の発生する理由をのべよ。

―――

解答　*1*　三陸沿岸〜北海道南東岸, オホーツク海近辺にかけ, 霧の多いところとして知られている。

2　時期 : 5 〜10月頃。

3　理由 : 小笠原高気圧による大規模な高温で多湿な気流が暖流域 (黒潮) 上から寒流域 (親潮) 上に移流したとき, 冷却されて発生する。これを移流霧 (海霧) という。

4　特に梅雨期, 移流霧に前線霧が加わると規模はさらに大きくなる。

[問題]　**97**　世界の霧の発生地域，発生原因による霧の種類をのべよ。

[解答]　*1*　**発生地域**

1.　ニューファウンドランド沖……ラブラドル海流（寒流）流域

2.　カリフォルニア沿岸……カリフォルニア海流（寒流）流域

3.　アフリカ北西岸……カナリー海流（寒流）流域

4.　ペルー・チリー海岸……ペルー海流（寒流）流域

5.　オーストラリア西海岸……西オーストラリア海流（寒流）流域

6.　南アフリカ西海岸……ベンゲラ海流（寒流）流域

7.　北極海・北海・バルト海

2　**霧の種類**

1.　北大西洋高気圧による温暖・多湿な気流がメキシコ湾流（暖流）上からラブラドル海流（寒流）に移流して発生する移流霧である。

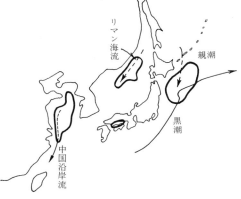

図3.24

春〜秋。日本の三陸〜北海道南東岸の霧とよい対応をしており，霧の規模も大きい。

2.〜6.　温暖な気流が各海域の寒流上に出たときに発生する移流霧である。春〜夏。

7.　非常に冷たくて乾いた空気が，水温の高い海面上に出ると，蒸気圧の違いで，海面から水蒸気がさかんに蒸発する。この水蒸気を冷却して発生する**蒸気霧**である。秋〜冬。

さらに，春〜初夏にかけて北海・バルト海では移流霧の影響を受ける。

〔注〕　日本近海の霧としては，

　　1.　黄海および中国沿岸。3〜7月。種類は移流霧・前線霧。

　　2.　日本海北部。4〜8月。種類は移流霧〔リマン海流（寒流）で冷やされる〕。前線霧などである。

　　3.　三陸沿岸〜オホーツク海。問96〔解〕参照。

　　4.　瀬戸内海。問94〔解〕参照。

図3. 25

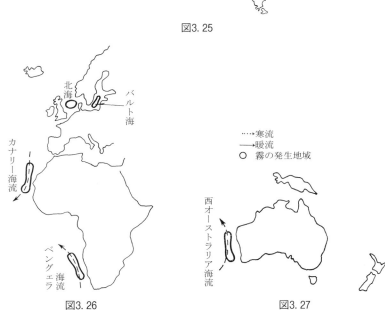

図3. 26　　　　　　　　　　　　　　　　図3. 27

問題 **98**　気象警報と注意報についてのべよ。

解答　*1*　一般向けに気象官署が必要に応じて臨時に出すもので，港湾や沿岸20海里まで含まれる。

2　特別警報：警報の発表基準をはるかに超える現象に対して発表される。

3　気象警報：重大な災害の発生が予想されるとき，気象官署から発表される警告。

4　気象注意報：相当の災害の発生が予想でき，その旨を注意する必要があるときに発表される。

5　海上においては，船舶の運航に必要な海上気象（濃霧注意報，強風注意報，暴風（雪）警報 etc.），津波，高潮，波浪に対する注意報や警報がある。

問題 **99**　海上警報についてのべよ。

解答　*1*　一般向けの気象警報とは異なって，海上の船舶向けに出されるものである。

2　地方の気象官署が担当した場合は，その沿岸300海里の海上が対象となる。

3　気象庁が担当した場合は，100° E 〜180°，0 〜60° N の広い海上が対象となる。

4　次の5種に分けられている。

1．一般警報

英文では「WARNING」，和文では「海上風警報」または「海上濃霧警報」と冒頭する。予想される最大風力7以下で，低気圧発生の兆候を警告したり，濃霧を警告したりする。

2．強風警報

英文では「GALE WARNING」，和文では「海上強風警報」と冒頭する。予想される最大風力は8〜9である。

3．暴風警報

英文では「STORM WARNING」，和文では「海上暴風警報」と冒頭する。予想される最大風力は10〜11である。

4．台風警報

英文では「TYPHOON WARNING」，和文では「海上台風警報」と冒頭する。台風によって最大風力が12以上予想できる場合。

5.　警報なし

英文では「NO WARNING」，和文では「海上警報なし」，または「海上警報解除」と冒頭する。警報を行う現象が予想されないとき，または継続中の警報を解除するとき。

【ポイント】　海上濃霧警報は，視程（水平方向に見通せる距離）0.3海里（約500m）以下（瀬戸内海は0.5海里（約1km以下））で発せられる。

=================== 船舶からの気象通報

[問題]　**100**　無線電信を施設した船舶が気象観測を行い，通報する場合の回数と時刻についてのべよ。

(解答)　**1**　通常1日8回0・3・6・9・12・15・18・21時（世界時）に観測し通報する。

2　中心示度が990hPa以下の熱帯低気圧の中心から500海里以内を航行していることを知った場合，または気象もしくは水象が異常で，かつ航行上危険があると認められる場合には毎正時に観測し通報しなければならない。

〔注〕　**水象**：水象は「気象業務法」において「気象又は地震に密接に関連する陸水及び海洋の諸現象」と定義され，水象が含む自然現象の具体例としては，津波，高潮，洪水，などが挙げられる。

=================== 天気図の記号

[問題]　**101**　天気図の記号についてのべよ。

(解答)

1　日本式天気図記号

記号	天　気	記号	天　気	記号	天　気	記号	天　気	記号	天　気	記号	天　気
○	快　　晴	⊗	みぞれ	⊙	霧	⊖	煙　　霧	⊗ニ	にわか雪
◐	晴	⊗	雪	⑤	風じん	● キ	霧　雨	⊗ッ	雪強し
◎	曇	△	あられ	⊕	地ふぶき	● ニ	にわか雨	◐ッ	雷強し
●	雨	▲	雷	▲	ひょう	● ッ	雨強し

2 国際式天気図記号

天気 00～99の100個の記号を用いる。そのおもなものは次のとおりである。

記号	天気	記号	天気	記号	天気	記号	天気	記号	天気	記号	天気
∞	煙霧	=	もや あられ	≡	霧	⎰⎱	煙	'	霧雨	•	雨
✳	雪	△		▲	ひょう	⍀	雷電	⌇	風じん	↦	地ふぶき
▽	しゅう雨 性 降 水										

【ポイント】 日本式天気図記号の場合は地点円の中に天気記号を記入する。

国際式天気図記号の場合は地点円の中が雲量をあらわし，天気は地点円の左側に記入する。

等圧線の描き方

問題 102 天気図に等圧線を記入する際の注意事項をのべよ。

(解答) 次の基本的性質をよく知ることである。

(1) 1つの等圧線の一方の側はその等圧線の示す気圧より高く，他の側は低い。

(2) おなじ値の等圧線の間に他の等圧線が1本だけ通ることはない。

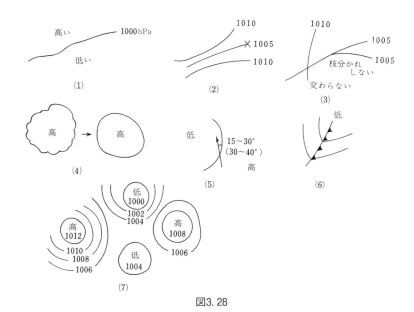

図3.28

(3)　等圧線が枝分かれしたり，交わったりすることはない。

(4)　等圧線はあまりでこぼこしないで，滑らかな曲線で描かれる。

(5)　等圧線と風向のなす角は，海上でおよそ15〜30°，陸上では30〜40°位である。風は気圧の高い方から低い方に吹く。

(6)　等圧線は前線のところで低圧側を内側に折れ曲がる。

(7)　高気圧どうし，低気圧どうしの外側の等圧線は同じ示度で向かいあう。

(8)　等圧線が途中で切れてなくなることはない。

(9)　実際に引くに当たっては，陸上など，描きやすいところから始める。

———————————————————————————— 気圧等変化線図
問題　103　気圧等変化線図の意味と利用法についてのべよ。❷

解答　気圧等変化線図

1.　意味：3時間，6時間，12時間などにわたる各地点の気圧変化量を，値の等しい地点を連ねてなめらかに引いた図（気圧等差曲線の図）である。

2.　利用法

(1)　低気圧や高気圧の進行方向を推定できる。低気圧は気圧の最も下がる方向へ進む。高気圧は気圧の上がる方向へ進む。

(2)　低気圧や高気圧の周囲の気圧傾向から，それぞれの発達・衰弱あるいは進行速度の状態が推定できる。

———————————————————————————— 基本水準面
問題　104　基本水準面とは何か。

解答　これ以上下がることのない最低低潮面（最低水面）。海図に記載されている水深・干出の高さ・洗岩・暗岸・潮高の基準面となる。

〔注〕　その他の基準面として

　　平均水面：海図の海岸線の基準

　　最高水面：海図の高さの基準（山，島，灯光，塔）

———————————————————————————— 日 潮 不 等
問題　105　日潮不等とは何か。

解答　通常1日2回ずつ現れる満潮又は干潮の潮位が一致せず，著しく異な

る現象。

　日潮不等が極端になると，１日に１回しか満潮と干潮が現れなくなること
がある。

───────────────────────────────────── 親　　潮

問題 **106**　親潮・対馬海流・黒潮とは何か。

───

〔解答〕　**親　潮**

1．温　度　夏は19℃，冬は１℃。

2．流　速　平均して0.5〜1.5kt である。

3．流　向　ベーリング海とオホーツク海に起源を持ち，千島列島から北海
　　道，三陸沿岸を南下する。

対馬海流

1．温　度
　　夏が25℃，冬は10℃前後である。（津軽海峡で夏は22℃，冬は７℃以上）

2．流速変化
　　平均すると0.5〜1.0kt の流速であるが，津軽海峡では3.0kt 以上，宗谷海
　　峡で2.5kt 以上と流速が強くなる。

3．流　向

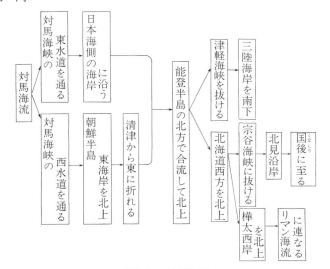

図3.29　対馬海流

黒　潮

1.　温度：夏は30℃，冬は20℃。
2.　流速変化：平均して1.0〜2.5kt の流速であるが，三宅島と八丈島間で
　は1.5〜3.5kt と速くなる。俗称，黒瀬川という。
3.　流　向

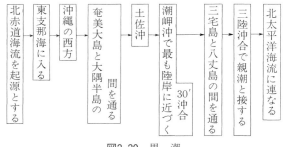

図3.30　黒　潮

【ポイント】　海流の流向は，流れ去る方向で示し，風向は吹いてくる方向をいう。
　　　　　この両者が異なることに注意する。

───────────────────────────────── 黒潮の発生原因

問題　107　黒潮の発生原因についてのべよ。

(解答)　北赤道海流に起源を持つ黒潮は風に向かっても流れるから，風が成因
ではない。それは，圧力分布の差，すなわち密度分布の差から求まる海流で
これを地衡流という。

───────────────────────────────── 暖 流 と 寒 流

問題　108　暖流と寒流の違いをいえ。

(解答)　**1**　暖流とは，流域の外側に比べて，高温，高塩分。浮遊生物の量が
少ない。海水は透明，藍色である。
2　寒流とは，浮遊生物が多く生産力が大きい。透明度が悪く，暗緑色である。
3　暖流：黒潮，対馬海流，朝鮮沿岸流。
　　寒流：親潮，リマン海流，中国沿岸流，東樺太海流。

図3.31　日本近海の海流

赤道海流・反赤道海流

問題　**109**　赤道海流と反赤道海流についてのべよ。　　❷

[解答]　***1***　**北赤道海流と南赤道海流**

1.　北赤道海流は北東貿易風，南赤道海流は南東貿易風によって形成される。

2.　太平洋の北赤道海流

　(1)　8～23°N付近に存在する。

　(2)　中米沖で反赤道海流とカリフォルニア海流の一部が合流して北赤道海流となって西流する。

　(3)　フィリピン東方で二分して，一つは北上して黒潮の起源となり，他は南下して反赤道海流となる。

2　**反赤道海流（赤道反流）**

1.　南・北赤道海流の間を西～東に流れる海流。

2. 3～10° N付近に存在する。
3. 流速は1～3kt。
4. 貿易風によって大洋の西側に海水が堆積されて水面傾斜が起こることが原因といわれている。

―――――――――――――――――――――――――――――― カリフォルニア海流

<u>問題</u>　**110**　カリフォルニア海流についてのべよ。　　　　　　　　❷

(解答)　*1*　北太平洋海流がアメリカ沿岸で南下しカリフォルニア沖合いを南南東に流れる海流。

2　流速は0.5kt。

3　寒流系で沿岸では冷たい下層からの顕著な湧昇流がみられる。

4　25° N付近から北赤道海流に連なる。

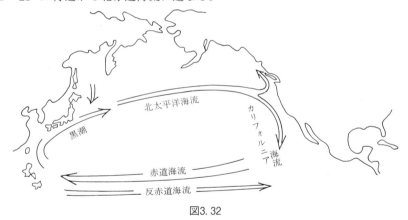

図3.32

〔注〕　北太平洋海流を西風皮流といったこともある。黒潮に続く流れで偏西風によって形成される。幅は広いが流速は小さい。

―――――――――――――――――――――――――――――― 南シナ海の海流

<u>問題</u>　**111**　インド洋・南シナ海の海流についてのべよ。　　　　　❷

(解答)　*1*　インド洋も南シナ海も季節風によって支配される季節風海流が発達する。

2　冬の北東季節風によって，インド洋ではベンガル湾・アラビア海と赤道の間で反時計回りの海流となる。
　　南シナ海では中国・ベトナム沿岸を南下する反時計回りの海流となる。

3　夏は南西季節風によってインド洋では時計回りの海流となる。南シナ海では中国・ベトナム沿岸を北上する時計回りの海流となる。

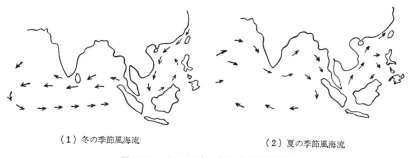

（1）冬の季節風海流　　　　　（2）夏の季節風海流

図3.33　インド洋・南シナ海の海流

―――――――――――――――――――――――――――――――――――― 風浪とうねり

問題 **112**　風浪とうねりの相違する点をのべよ。

解答　**1**　風浪とは，現場を吹いている風によって起こされる波である。風の吹走距離，風速，吹続時間によって波高が決まる。
1. 波形は鋭く，不規則である。
2. 波長が短い。
3. 波の横幅が狭い。

2　うねりとは，風浪が風域を離れて伝搬してきた波で，その場の風とは直接関係がない。
1. 波形は丸みを帯び規則的である。
2. 波長が長い。
3. 波の横幅は広い。

【ポイント】　波浪といえば風浪とうねりを含んでいる。

=== 有　義　波

問題　**113**　有義波とは何か。

────────────────────────────────────

解答　**1**　続いて起こる N 個の波を観測して，波高の順にならべる。波高の高い方から N/3 個を選んで，平均したものを有義波（1/3最高波）という。波高と周期によってそれぞれ，1/3有義波高，1/3有義周期などという。
2　有義波高は，熟練した観測者が，海上で目視観測する場合，最も代表的なものとして報告される波高と考えられている。

=== 十分に発達した風浪

問題　**114**　十分に発達した風浪とは何か。

────────────────────────────────────

解答
1.　風浪の発達条件とは，「風速」「吹続時間」「吹走距離」の3つである。
2.　「吹続時間」「吹走距離」が共に十分であるとき，その風速に対してこれ以上大きな波になり得ない状態を，「十分に発達した風浪」という。

=== 潮　　波
　　　　　　　　　　　　　　　　　　　　　　　　　　　❷

問題　**115**　潮波とはどういう波か。

────────────────────────────────────

解答　**1**　潮流や海流の強いところにできる波。
2　風浪に比べて波長が短いわりに波高が高い。
3　風が潮流や海流と反方向であればいっそう高い波が立つ。
4　瀬戸内海の明石海峡，播磨灘付近，九州の大隅半島，伊勢の神島付近は顕著である。

=== 波 浪 の 観 測

問題　**116**　波浪の観測方法についてのべよ。

────────────────────────────────────

解答　**1**　**波向の観測**
1.　波の方向は，波の進んでくる方向をいう。
2.　船から少し離れた場所の波浪の方向を船上のコンパスによって方位を決

める。

3.　風浪の方向は沖合いでは定常に吹いている風向と一致する。

4.　うねりの上に風浪があり，両者では方向が異なることが多い。

2　周期の観測

1.　船から少し離れたところにできた波のあわ，その他の浮遊物などを目標にして，最初の山から次の山がくるまでの時間を測る。

2.　何回かの平均をとって正確を期す。

3　波高の観測

1.　波が大きい場合：船が波の谷に来たとき，波の山と水平線とが一直線になるような目の位置を決める。水面から目の位置までの高さが分かるので，波高が推定できる。

　　但し，ローリング，ピッチングで高く見積りやすい。

2.　波高が小さい場合：船の高さを基準にして目測する。この場合は低く見積る傾向がある。

3.　波高の観測は特に難しいので，習熟する必要がある。

第4章　操　　船

問題　1　舵角一杯で旋回中，急速に舵を中央に戻すとどうなるか。　❷

[解答]　船は舵をとると，転舵直後は舵の横力により少し内方に傾斜するが，時間が経過し旋回が始まると，船体重心には遠心力が作用するので外方へ傾斜するようになる。定常旋回中は，船の重心 G に作用する遠心力と舵の横力は外側へ向かい，斜航によって生じる海水抵抗は，水面下側面に対し内側に向け作用する。その結果「遠心力と舵の横力の合力」と「海水の側圧抵抗」との偶力によって，船体を外方へ傾斜させるモーメントが生じ，船はこの傾斜モーメントと復原力とが釣り合う角度で傾斜する。

　急速に舵を戻すと，内方へ傾斜するように作用していた舵の横力によるモーメントがゼロになるため，外方への傾斜が大きくなり，復原性能が良好でない場合は転覆の危険性が生じる。

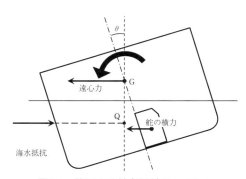

図4.1　旋回中の外方傾斜モーメント

━━━━━━━━━━━━━━━━━━━━━━━━━━━━━ プ ロ ペ ラ 流

問題　2　プロペラ流について説明せよ。　　　　　　　　　　　❸

　解答　プロペラが水中で回転すると，プロペラに吸引される「吸入流」と，
プロペラから螺旋状になって排出される「放出流」が生じ，これらの水流が
船体と舵に作用して船を回頭させる。右回り一軸船の場合，以下の特徴があ
る。

1　吸入流の作用

(1)　前進時…船底から斜め上向きの流れとなってプロペラに流れ込むため，プ
　　　　　　ロペラ翼が右半円を回るときは，左半円を回るときよりも推力を
　　　　　　増すため，船首をやや左に偏向させる。

(2)　後進時…舵中央では作用しないが，転舵すると舵面を圧するので，舵をとっ
　　　　　　た方向へ船尾を押す。

2　放出流の作用

(1)　前進時…転舵したとき舵効きを助長する。舵中央の場合でも，プロペラか
　　　　　　ら後方に右回りに放出された流れは舵を押すが，舵下部を左舷に
　　　　　　押す舵圧の方が，舵上部を右舷に押す舵圧よりも大きいため，右
　　　　　　回頭の傾向が出る。

(2)　後進時…船首へ向かって左回りに放出された流れは，右舷船尾船側部を強
　　　　　　く押すため，船尾が左へ押される結果，船首は右へ回頭する。こ
　　　　　　の影響はかなり顕著で，「放出流の側圧作用」という。

━━━━━━━━━━━━━━━━━━━━━━━━━━━━━━━ 横　圧　力

問題　3　横圧力について説明せよ。　　　　　　　　　　　　❸

　解答　プロペラが回転すると，プロペラ翼は翼面と直角方向に水の反力を受
ける。この反力のうち，船首尾方向の分力は船を前進させる推力となり，横
方向の分力は船に回頭作用を与える。水の反力の大きさは水面からの深さに
比例して大きくなるため，横方向の分力もプロペラの上部より下部の方が大
きくなり，その結果，右回り一軸船においては，前進時には船尾が右舷に押
され，後進時はその逆となる。この横向きに作用する力を横圧力という。

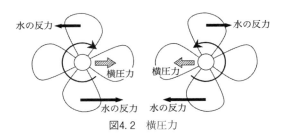

図4.2　横圧力

────────────────────────────右回り一軸船の後進操船法

問題　4　右回り一軸船をまっすぐに後進させる操船法をのべよ。

───────────────────────────────────────

(解答)　舵を右一杯にとって機関を後進にかけ，次第に船尾が右に振れるようであれば舵中央にし，左に振れるようであれば機関を停止するか回転数を落とす。これらの操作を繰り返しながら後進する。

────────────────────────────────右回り一軸船の左回頭

問題　5　右回り一軸船がその場回頭を行うときは，通常は右回頭を行うが，左回頭を行う場合はどのようにするか。

───────────────────────────────────────

(解答)　左舷びょうを投下して用びょう回頭（Dredging Round）を行う。すなわち，いかりを完全に海底をかかせることがないよう，水深の1.5～2倍程度びょう鎖を出し，その抵抗を利用して回頭する。

────────────────────────────────右回り一軸船の着岸操船

問題　6　右回り一軸船の着岸操船においては，左舷付けの方が容易であるのはなぜか。

───────────────────────────────────────

(解答)　右回り1軸船においては，機関を後進にかけたとき，横圧力と放出流の側圧作用のため，舵中央であっても船尾が左舷側に押される。したがって，岸壁に対し15～20°の侵入角をもって接近し，機関を後進にかければ，行き脚が抑えられるとともに船尾が岸壁に寄せられ，船体が岸壁と平行になり着岸できる。

着岸舷の決定

問題　7　着岸舷を決定する要素をあげよ。

(解答)　・荷役舷
　・港湾の形状と接岸岸壁の位置
　・付近係留船舶の有無
　・自船の推進器特性
　・バウスラスターの有無
　・タグ使用の有無
　・風，潮流等の外力影響
　・離岸操船の方法

最短停止距離

問題　8　最短停止距離とは何か。また，最短停止距離は，どのような影響により，長くなったり短くなったりするか。

(解答)　全速前進中，機関を全速後進にかけてから，船が停止するまでの進出距離のこと。衝突回避のため船を緊急停止させる場合に重要な性能である。最短停止距離は，以下のような影響を受け変化する。
・細長い船型の船ほど，肥えた船よりも長い。
・喫水が深い方が浅い場合より長くなる。
・風浪を船尾から受ける方が，船首から受けるよりも長くなる。
・船底の汚れが少ない方が長い。
・タービン船の方が，ディーゼル船より長い。
・高出力の主機を搭載している船の方が短い。
・固定ピッチプロペラの（FPP）の方が，可変ピッチプロペラ（CPP）よりも長い。
・浅水域の方が深水中と比べ短くなる。

転　　心

問題　9　転心とは何か。それは船のどの付近にあるか。　　　　❸

(解答)　船が旋回運動を行う場合に，旋回中心から船首尾線に下ろした垂線と

の交点をいい，旋回中は船がこの点を中心にして回転しているように見える。

転心は，船首から船の長さの約 1／3 ～ 1／5 のところにあって，旋回径が小さい船ほど前方に寄る。

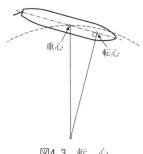

図4.3 転 心

——————————————————————————— 惰　　　力

問題 10　操船に関係する惰力にはどのようなものがあるか。 ❷

(解答)　加減速や回頭等，船の運動に変化を与えた場合，直前の運動を維持し続けようとする性質（慣性）があるため，定常的な状態になるまでに遅れが生じる。それを惰力といい，定常状態になるまでの進出距離や回頭角で評価される。操船に関しては以下の惰力がある。

1　発動惰力

停止中の船が，機関を前進に発動してから，それに対応する主機出力になるまでの惰力。

2　停止惰力

前進中の船が，機関を停止してから船が停止するまでの惰力。一般的には2ノット程度に減速するまでの惰力をいう。

3　反転惰力

前進中の船が，機関を後進にかけてから船が停止するまでの惰力。

4　回頭惰力

回頭中，舵を中央に戻してから回頭が止まるまでの惰力。

——————————————————————————— 新 針 路 距 離

問題 11　新針路距離について説明せよ。

(解答)　船が変針する場合において，原針路上で測った転舵位置から新旧両針路の交点までの距離のこと。変針時の転舵開始位置を決定するために必要と

なる。

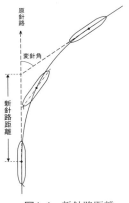

図4.4　新針路距離

問題　12　Ｚ試験について説明せよ。

解答　操縦性指数 T 及び K を求めるため，船をジグザグに航走させて行う試験で，以下の要領で実施する。

①所定の船速で船を直進させる。

②右10°に転舵し，船が舵角と同じ右に10°回頭したときに，左10°に転舵する。

③船は右回頭をやめ，やがて左回頭を始めるが，原針路から左へ10°回頭したときに，再び右10°に転舵する。

④船は左回頭をやめ，やがて右回頭を始めるが，原針路から右へ10°回頭したときに，再び左10°に転舵する。

⑤船は右回頭をやめ，やがて左回頭を始めるが，原針路に戻ったところで舵中央とし，試験を終了する。

①～⑤が終了すれば針路をセット直し，今度は反対舷（すなわち左10°）から同じ要領で行う。

なお，転舵は左右いずれから始めてもよく，舵角も5°，15°又は20°とする場合もある。

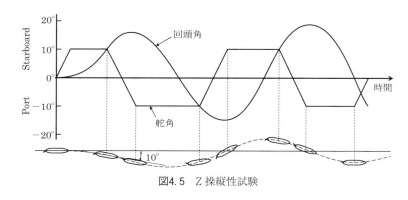

図4.5 Z 操縦性試験

問題 13 操縦性指数 *T* 及び *K* について説明せよ。 ❷

解答 *T* は舵をとった場合の追従性の良否を，*K* は旋回性の良否を数値的に表したものである。具体的には，舵をとったのち *T* 秒後に，舵角 *δ* を *K* 倍した *Kδ* の角速度をもって旋回運動することを示している。実際には転舵後の角速度の変化は直線的ではないため，*T* は転舵してから *Kδ* の約63％の角速度になるまでの時間を表す。操縦性指数と舵効きとの間には，下図のような関係がある。

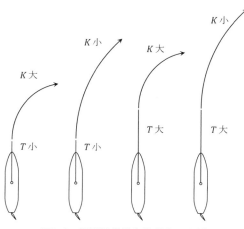

図4.6 操縦性指数と舵効きの関係

問題　**14**　旋回運動に関する下記の用語について説明せよ。また，キックについては，その利用法をのべよ。
　　　1.旋回圏，　2.旋回縦距，　3.旋回横距，　4.旋回径，
　　　5.最終旋回径，　　6.リーチ，　　7.キック

〔解答〕　**1**　**旋回圏**（Turning Circle）
　　船が旋回運動した場合の，船体重心が描く軌跡。

2　**旋回縦距**（Advance）
　　転舵したときの船体重心位置から旋回中の船体重心位置までの，原針路方向の距離。原針路に対して90°回頭したときの距離を指すことが多い。

3　**旋回横距**（Transfer）
　　転舵したときの船体重心位置から旋回中の船体重心位置までの，原針路に対する横方向の距離。原針路に対して90°回頭したときの距離を指すことが多い。

4　**旋回径**（Tactical Diameter）
　　原針路から180°回頭したときの横距。

5　**最終旋回径**（Final Diameter）
　　定常旋回に達したときに描く旋回圏の円の直径。

6　**リーチ**（Reach）
　　転舵したときの船体重心位置から定常旋回時の旋回圏の中心までの，原針路方向の距離。

7　**キック**（Kick）
　　転舵直後，原針路から転舵反対舷（非回頭側）に押し出される現象およびこの場合の横方向の移動距離。船体重心のキックの量は船の長さの1％程度でさほど大きくないが，船尾は，船の長さの1/7程度といわれており，操船上，以下のように利用される。
・海中転落事故が発生した場合，発生直後，落水舷に転舵し，転落者がプロペラに巻き込まれるのを防止する。
・突然，船の前方至近に障害物を発見した場合は，まず船首を障害物から遠ざけるように転舵し，回頭開始後に反対に転舵することにより，障害物を避けることができる。

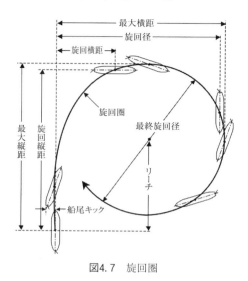

図4.7　旋回圏

問題　**15**　スパイラル試験について説明せよ。

〔解答〕　スパイラル試験とは，船の針路安定性を調査するための試験で，舵角を段階的に順次変えながら旋回させて行うため，船は渦巻き状（スパイラル）の航跡を描くことから，この名称で呼ばれる。試験は以下の要領で実施される。

1）船を一定針路で直進させた後，舵を右一杯に取り，その舵角における定常旋回回頭角速度を求める。

2）順次，舵角を減じ，各舵角に対する定常旋回回頭角速度を求めていく。

3）舵中央での計測終了後は，今度は反対舷に舵を取り，舵角を段階的に順次増加させ，同じ要領で各舵角における定常旋回回頭角速度を求める。

4）左舵角一杯まで計測後は，再び右舵角一杯になるまで同じ要領で舵角を変えながら試験を行う。

5）試験により求まる各舵角（δ）と回頭角速度（ω）の関係を図示すると，針路安定性の良い船の場合は，破線━━━で示したようにほぼ直線となるが，針路不安定な船の場合は，δとωが必ずしも1対1に対応しない

舵角領域（不安定領域）がある。

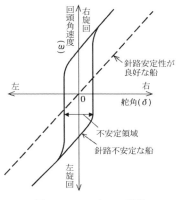

図4.8 スパイラル試験

浅 水 影 響

問題 16 スクウォート（Squat）について説明せよ。

解答 前進航走中の船では，船体周りの水圧分布の変化から，一般的に船体の沈下とトリムの変化が生ずる。特に船体沈下現象は水深が浅くなるほど顕著にあらわれ，「スクウォート」または「スクウォート現象」と呼ばれる。低速域においては，深海中および浅水中とも船首トリムで航走するが，浅水中では高速になるにつれ，深海中よりも早く船尾トリムへ変わる。

余 裕 水 深

問題 17 UKC とは何か。UKC を決定する場合に検討すべき要素をあげよ。

解答 海底と船底最低部との間隔を「余裕水深（Under-keel Clearance：UKC）」といい，その決定に当たっては，以下について検討する必要がある。

1 水深に関する考慮事項
・海図水深の精度
・潮位や気圧の変化に伴う水深の変化
・海底の障害物や底質を考慮した場合の海底の起伏

2　自船に関する考慮事項
　・浅水影響による船体沈下量とトリムの変化
　・海水比重の差に起因する喫水とトリムの変化
　・船体動揺による船底各部の沈下量
　・機関の冷却水取り入れ口に対する影響

3　**主要な海域や港湾により定められた基準**
　・マラッカ・シンガポール海峡における通航規則や，各水先区における基準等

側　壁　影　響

問題　**18**　側壁影響についてのべよ。側壁影響下での当て舵方向はどちら側か。

(解答)　狭水道や運河等の水路幅が制限された場所で，水路の側壁に接近して航走すると，船体の両側で流れに差が生じる。その結果，船体は側壁に吸引されるとともに，船首は側壁と反対方向へ押され回頭しようとする。したがって，船を保針するためには，船が側壁の方へ回頭するよう当て舵をとる必要がある。

2船間の相互作用

問題　**19**　2船間の相互作用についてのべよ。

(解答)　**1　吸引・反発，回頭作用**

　追い越しや行き会いにおいて，2船が互いに接近して航走する場合，船体周りの流れの対称性が崩れて水圧分布が変わり，横向きの力が発生する。このとき，両船の位置関係により，船体が吸引したり反発し合ったりするとともに，回頭作用が働く。これらは特に次の状況下で強くあらわれる。
　・両船の速力が速く，速力差が小さい場合。
　・影響し合う時間が長い追い越しの場合。
　・併走する両船間の距離が短い場合。特に，大きい方の船の長さより短い距離以内に接近した場合は，注意を要する。
　・浅水域の場合。

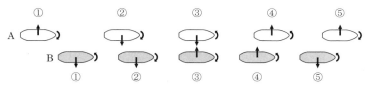

図4.9　追い越す場合の2船間の相互作用

2　シーソーイング

　速力の差があまりない大型船と小型船が併走する場合で，大型船の船首か
らハの字状に広がる発散波や，船首尾線と直角方向にできる横波の波頂の間
に小型船が入り込むと，この現象が起こる。大型船が先行するようになると，
小型船は後方の波に押されて加速し，逆に小型船が前の波頂を乗り越えよう
とすると阻まれて減速する。あたかも両船が追いつ追われつのシーソーゲー
ムに似た運動をすることから，このように呼ばれる。

────────────────────────────── 喫水と港内操船

問題　**20**　港内操船において，空船時と満船時の特徴をのべよ。　　

解答　**1　空船時**

　低速で航行する港内では，以下のような操縦性の低下が見られ，制限され
た狭い水域での操船は困難を極める。

・受風面積が大きくなり，特に低速時に圧流されやすい。

・風による回頭モーメントが増すため保針性が低下する。

・プロペラの没水率が低くなるので，推進効率も低下し舵効きも悪くなる。

・舵面上部が露出するため，舵力が低下し舵効きが悪くなる。

2　満船時

　空船時のように風等の外力影響による著しい操縦性の低下はないものの，
下記の特徴があらわれる。

・船体質量が大きいため惰力が大きく，機関を後進にかけたり当て舵を取っ
　ても，その効果があらわれるのが遅い。

・一般的に港内は水深が浅いため，船の喫水との関係で浅水影響があらわれ
　やすい。

━━━━━━━━━━━━━━━━━━━━━━━━━━━━━━━━━ フェンダーの役割
問題　**21**　フェンダーの役割と使用方法についてのべよ。

解答　**1**　役　割
・接舷時に予期しない過大な速力で岸壁や他船等に接触した場合でも，船体
　や係留施設が損傷することを防止する。
・係留中の動揺により，船体が岸壁等に接触して損傷することを防止する。
・タグやスラスターを使用しない船が，意図的に船体を岸壁に接触させて自
　力で離岸する場合，船体と岸壁との接触部に入れ損傷を防ぐ。
2　使用方法
　　フェンダーは船体と岸壁等とが接触する個所に当てる必要があるが，でき
　るだけフレーム等の骨材により船側が補強されている個所に当て，フレーム
　間や開口部付近は避けるよう注意しなければならない。

━━━━━━━━━━━━━━━━━━━━━━━━━━━━━━━━━ びょう鎖伸出量
問題　**22**　単びょう泊時のびょう鎖の伸出量についてのべよ。

解答　びょう鎖の伸出量を多くすることは，係駐力を増すとともに船の振れ
回り運動や動揺による衝撃を吸収する等の利点があるが，必要以上に伸ばす
と，広いびょう泊海面が必要となるだけでなく，揚びょうに時間がかかる。
　びょう鎖の伸出量は，外力（風，潮流，波浪）の程度，底質，水深，いか
りの性能，付近船舶のびょう泊状況等を考慮して決定する。なお，標準的な
伸出量の目安としては下記が一般的に用いられる。
　　・通常の場合（風速が20m/s 以下）：3 D+90 （m）
　　・荒天の場合（風速が30m/s 以下）：4 D+145 （m）
　　　　　　　　　　　　　　　　　　　（D: 水深（m））

━━━━━━━━━━━━━━━━━━━━━━━━━━━━━━━━ 投びょう可能な最大水深
問題　**23**　投びょう可能な水深の限度は何によって決まるか。　　　❷

解答　投びょうできる水深の限度は，自船に備えるびょう鎖の全量（長さ）
ではなく，ウインドラスの巻き揚げ能力により決まる。（運用上の水深限度
は100m 程度）。

━━━━━━━━━━━━━━━━━━━━使用いかりの選択

問題 24 びょう泊する場合の，使用いかりの選択についてのべよ。

〔解答〕 **1 風，潮流の影響がない場合**

両舷のびょう鎖の損耗程度が均一になるよう，左右のいかりを交互に使用する。

2 風，潮流の影響がある場合

風上舷または潮流を受ける舷のいかりを使用する。

3 台風等の暴風の来襲が予想される場合

予想される風向の変化を考慮して使用いかりを選択する。

━━━━━━━━━━━ブロートアップアンカーとアッペンダウンアンカーの判断

問題 25 ブロートアップアンカー，アッペンダウンアンカーを判断する方法をのべよ。❸

〔解答〕 **1 ブロートアップアンカー**

ブロートアップアンカーとは，投びょう後，いかりがびょう鎖に引きずられてフルーク（爪）が海底に食い込み，十分な係駐力が得られた状態をいう。この状態は船上においては，以下の現象から判断できる。

・びょう鎖は，所要の伸出量繰り出し，ウィンドラスのブレーキを締めて止めると，船の惰力により緊張するが，やがてびょう鎖の重みで船体がいかりの方向へ引かれるのでたるんでくる。

・左右のいずれかに振れていた船首は，びょう鎖が緊張するときにいったん止まり，その後びょう鎖のたるみとともに再び振れ始める。

・船尾が風下に落とされるように回頭する。

2 アッペンダウンアンカー

アッペンダウンアンカーとは，揚びょう時にびょう鎖がベルマウス直下に垂れ下がり，海底のいかりを起こすように緊張した状態をいう。しかし，一般的に揚びょう作業においては，この直後に生ずるいかりが海底を離れる瞬間（アンカーアウェイ：起いかり）を指す場合が多く，その状態は，船上では以下の現象から判断できる。

・びょう鎖を水深とほぼ同じ長さまで巻き込んだ場合で，びょう鎖がベルマウス直下に垂れ下がって緊張し，小刻みに振動する。

・ウィンドラスにいかりの重量がかかり負荷が増加するため，巻き上げ音が
　変化する。

━━━━━━━━━━━━━━━━━━━━━━━━━━ びょう泊中の振れ回り運動

問題　26　単びょう泊中の船の振り回り運動において，びょう鎖に最も大き
な張力がかかるのはどの時点か。

〔解答〕　びょう泊中，風速が10m/s 程度以上になると，船の重心は横8字形
の軌跡を描く運動を繰り返すようになる。このとき，びょう鎖にかかる張力
も，風向に対するびょう鎖の向きと船首尾線の方向の変化に伴い，周期的に
変動する。びょう鎖と船首尾線とがほぼ一直線になった状態（図中の③）の
直後でびょう鎖には衝撃荷重が加わり，このときのびょう鎖張力が最も大き
い。

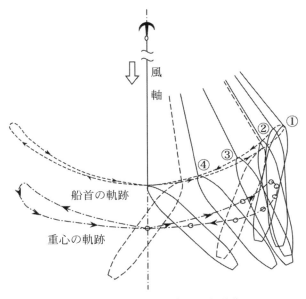

風
軸

① ② ③ ④

船首の軌跡

重心の軌跡

図4.10　びょう泊中の振れ回り運動

=== 振れ止めいかり

問題 **27**　単びょう泊中に荒天となり振れ止めいかりを入れる場合，振れ回りのどこで投びょうするか。

解答　振れ止めいかりは，係駐力を得ているいかりとは反対舷のいかりをほぼ正横方向に入れ，それを引きずりながら船の振れ回りを抑制する目的で使用する。入れるタイミングは，振れ止めとして使用するいかりと同じ舷に船が振れ，風軸からの船首の横変位が最も大きく，振れ回り方向が反転する直後（図4.10の①）である。

=== 投びょう作業時の注意

問題 **28**　投びょう作業に際して，船首部で一等航海士が注意すべき点についてのべよ。

解答　**1　作業の安全確保に関する事項**
・予定びょう地付近海面に，人，舟艇や漁網，その他の障害物等がなく，投びょうに支障がないことを確認する。
・作業に従事する者に，作業に適した服装，保護帽その他の必要な保護具を着用させる。
・作業開始前に，ウィンドラスが正常に作動することおよびびょう鎖の状態に異常がないことを確認する。
・びょう鎖庫内に人がいないことを確認する。
・投びょう時は，ウィンドラスの操作をする者以外は，びょう鎖およびウィンドラスから離れさせる。

2　作業の効率的な実施に関する事項
・投びょう前に，予定びょう地の概略の水深を把握し，船橋から指示された投びょう法に対応した準備を行う。
・投びょう後はびょう鎖に過度の緊張を与えず，かつ海底にできるだけ直線状に繰り出されるよう，ブレーキを調整しながら伸出させる。
・びょう鎖の伸出量と状況，本船の行き脚を適宜船橋へ報告する。

===双 び ょ う 泊

問題　**29**　双びょう泊は，単びょう泊と比べ，どのような利点，欠点があるか。

───

解答　**1　利　点**

・船の振れ回り範囲が狭く単びょう泊ほど広い水面を必要としない。

・オープンムア（風潮を受ける方向が，2つのいかりを結んだ線と直交する
状態）においては，両舷びょう鎖の開き角が60〜90°のとき，びょう鎖張
力を軽減できる。

2　欠　点

・船の振れ回りで絡みびょう鎖になることがある。

・投びょう，揚びょうに時間がかかる。

・両舷のいかりとも走びょうすると，これを食い止める対応策がない。

===深海投びょう法

問題　**30**　深海投びょうを行う場合の要領と注意点についてのべよ。

───

解答　コックビルの状態からブレーキをゆるめる通常の投びょう法では，い
かりが非常に大きな落下速度で海底に衝突するため損傷のおそれがあり，さ
らに勢いよく繰り出されるびょう鎖は抑止が困難となる。したがって次のよ
うな要領で投びょうする必要がある。

(1)　いかりが海底付近に達するまでウォークバックさせ，その後ウィンドラ
スのブレーキをゆるめて投びょうする。このとき，びょう鎖の繰り出し速
度が過大にならないようにブレーキで調整しつつ繰り出す。あるいは，びょ
う鎖の予定伸出量を繰り出し終えるまでウォークバックする。

(2)　船の行き脚が過大な場合，びょう鎖の繰り出し速度も過大になり，ウィ
ンドラスのブレーキによる制動が不可能となるため，微小行き脚とする。
一般的には0.5ノット以下にする必要がある。

===検　び ょ う

問題　**31**　長期間，一定の場所にびょう泊する場合の注意点についてのべよ。

───

解答　長期間，一定の場所にびょう泊すると，いかりおよびびょう鎖が埋没
して揚びょうが困難となる。特に，底質が泥であったり，河川や河口のよう

に流れのある場所でのびょう泊においては注意を要する。このような場合，数日ごとにいったんいかりを揚げ，再度投びょうしてびょう泊し，埋没を防止する。これを検びょう（Shifting Anchor）という。

━━━━━━━━━━━━━━━━━━━━━━━━━━━ コックビル

問題　32　投びょう前にいかりをコックビルの状態にするのはなぜか。　❸

（解答）　シャンクがホーズパイプに収まったハウジング状態からの投びょうは，ウィンドラスのブレーキをゆるめても，まれにいかりが落下しない場合があるが，コックビルの状態にしておくことで，これを防止できる。また，コントローラーのストッパーにもかかっていることがあるいかりの荷重を，ウィンドラスのブレーキのみにかけ，ブレーキをゆるめるだけで投びょうしやすい状態にする。さらに，いかりをウォークバックして，コックビルの状態にする過程で，ウィンドラスの故障の早期発見にもつながるとともに，投びょう時にいかりが外板に接触して船体を損傷することを防止できる。

━━━━━━━━━━━━━━━━━━━━━━━━━━━ 用びょう回頭

問題　33　用びょう回頭の要領を説明せよ。

（解答）　狭い水域や風潮等の外力影響の強い水域で回頭しなければならないとき，いかりを引きずり，その抵抗を利用しながら回頭を行う。その場合の要領は以下の通り。

・回頭舷のいかりを使用する。
・いかりが完全に海底をかくことがないよう，びょう鎖の伸出量は水深の1.5〜2倍程度とする。
・びょう鎖の切断防止のため，船速が過大にならないように注意する。
・びょう鎖は一気に繰り出さず，ウィンドラスのブレーキを利かせながら小刻みに伸ばす。
・岸壁付近での投びょうに当たっては，絡みいかりや絡みびょう鎖にならないよう，他船のびょう鎖の張り出しに注意する。

━━━━━━━━━━━━━━━━━━━━━━━━━━━いかりの利用法

問題　**34**　びょう泊以外で，いかりの使用法にはどのようなものがあるか。

━━

解答　(1)　用びょう回頭

　狭い水域や風潮等の外力影響の強い水域で回頭しなければならないとき，いかりを引きずり，その抵抗を利用しながら回頭を行う。(前問参照)

(2)　前進行き脚の制御

　いかりを引きずりながらブレーキの役目をさせることで，前進行き脚の調整ができる。

(3)　離岸時の操船補助

　着岸時に入れておいたいかりのびょう鎖を，徐々に巻き込むことで離岸できる。

(4)　着岸時の横移動速度の制御

　船首が風に落とされて岸壁に強く接触することを防止するため，岸壁近くで投びょうしてびょう鎖を徐々に伸ばすことで，横移動速度を調整できる。

(5)　保針操船の補助

　狭い水域や風潮等の外力影響がある水域で，いかりを引きずりながら後退することで，船首の振れを防げる。

━━━━━━━━━━━━━━━━━━━━━━━━━━━狭水道航行時の注意

問題　**35**　狭水道を航行する上での一般的な注意事項をのべよ。

━━

解答　(1)　航行水域の状況の把握

　狭水道の地形，水深，浅瀬，潮流，航行障害物，航路標識，船舶交通の状況，特定航法等について入念に調査する。

(2)　安全面から見た適切な通峡時期の選定

　夜間や狭視界時，強潮流時の通峡は避け，なるべく視界の良好な日中の憩流時に通峡する。屈曲の多い水道は逆潮時に，屈曲の少ない水道は順潮時に通峡する。暗礁や浅瀬の多い水域の通峡は視認しやすい低潮時を選ぶ。

(3)　詳細な通峡計画の立案

　調査結果に基づき通峡計画を立てる。その際，海図上にはコースラインに加え，向針目標や避険線のほか，進入不可能海域（No Go Area），計画中断地点（Abort Position），操舵開始地点（Wheel Over Position），代替コースライン

（Alterative or Emergency Tracks），いかり要員等の呼出し地点（Crew Call Out Point）等，必要情報も記入する。

(4) BRM の実施による安全体制の確立

立案した通峡計画は関係乗組員全員に周知し，BRM（Bridge Resource Management）の実施による全船的な航行の安全体制を整える。

(5) 厳重な見張りと船位確認の励行

目視観測のほか，レーダー・ARPA や ECDIS，AIS，音響測深機等の航行援助装置を活用し，自船の船位および他船の航行状況の把握に努める。

(6) 操船上の安全の確保

自船の操縦性能や海域並びに周囲の船舶の状況，操船に及ぼす外力の影響，浅水影響や側壁影響，2船間の相互作用等を十分に勘案し，安全第一の操船を行う。

(7) 緊急時に備えた準備

緊急時に備え，機関用意，投びょう用意とする。

狭水道における操船上の注意
問題 36 狭水道における操船上の注意事項をのべよ。

〔解答〕 (1) 安全な速力の維持

舵効を維持でき，かつ浅水影響や側壁影響，航走波が付近船舶に及ぼす影響，その他の航行の安全に関する事項を考慮し，過大とならない安全な速力とする。

(2) 小刻みな変針

大角度の変針は避け，小刻みに変針しゆるやかな曲線状の進路とする。

(3) 右側航行

航法上特別な規定がある場合を除き，水道の中央より右側を航行する進路とする。

(4) 追い越しの自粛

他船に不必要に接近することは慎み，水域に十分な余裕がある場合以外は，追い越しは避ける。

(5) 外力等の影響に対する注意

風潮流等の外力影響を加味した針路をとり，浅水影響による舵効の低下や側壁影響による回頭作用を考慮した操船をする。

(6) 機関の使用

操舵のみで回頭が困難な場合は機関を併用する。

(7)　投びょうによる危険の回避

危険な状況に陥りそうな場合は，投びょうし安全を確保する。

多礁海域の航行

問題　37　多礁海域を航行する場合の注意事項をのべよ。

(解答)　南洋の諸島やオーストラリア北東岸付近のように，珊瑚礁が多く存在する多礁海域は，一般的に以下の特徴がある。

・測量不足の箇所や測量漏れの浅瀬が点在しており，海図等の水路図誌記載の水深や精度が実際と異なる場合がある。

・島嶼の標高が低く遠方から視認できる顕著な目標が少ない。また，航路標識も十分には整備されていない。

・予期しない激しいスコールにより，視界が制限される。

・海潮流が複雑で，強い場所が存在する。

したがって，航行に当たっては下記について注意しなければならない。

・珊瑚礁からできるだけ離した航路をとる。

・音響測深機による連続した水深の計測を行うとともに，高所からの目視による見張りも行い，浅瀬の存在を警戒する。

・レーダや ECDIS 等の航行援助装置を活用し，船位確認に努める。

・パイロットサービスのある水域では，嚮導を依頼する。

ブローチング

問題　38　ブローチング現象について説明せよ。

(解答)　ブローチング現象とは，大波を船尾から受けて航走しているとき，船尾が波に押されて一気に大きく回頭して波間に横たわる現象をいう。

　この現象は，船とほぼ同じ速さの波に対し，船体が波乗り状態になったときに最も起こりやすく，海水の打ち込み等に起因して復原力が不足する場合には，船は横倒しとなり，転覆の危険がある。

問題 39 プープダウンとは何か。

（解答） 大波を船尾から受けて航走しているとき，波が船尾から襲うように覆いかぶさってくる現象をいう。この現象は，船よりも速い追い波の谷に船尾が落ち込んだときに生じ，非常に危険な現象の一つである。

問題 40 スラミング現象とは何か。また，それはどのようなときに発生しやすくなるかを説明せよ。

（解答） 波長，波高ともに大きい海面を高速で航走すると，縦揺れと上下揺れが激しくなり，船首部船底が水面を叩き，その瞬間に船全体が激しい震動を起こす現象をいう。この現象は以下のような条件下で発生しやすい。
・船の長さ程度の波長を持つ波を，船首から受けて航走するとき。
・軽喫水で，船尾トリムの状態のとき。
・船の縦揺れと上下揺れの固有周期に，波の出会い周期が同調するとき。
・ビューフォート風力階級5以上のとき。
・船首部の横断面形状が，ファインなV字形よりフラットなU字形である場合。

問題 41 荒天中の操船法である「順走法」「ちちゅう法」「漂ちゅう法」とはどのような操船法か。またそれぞれ英語では何と呼ばれるか。

（解答） (1) 順走法（Scudding）
風浪を船尾斜め方向に受けながら航走する方法。
(2) ちちゅう法（Heave to）
風浪を船首方向（船首斜め2〜3ポイント付近）に受けながら，舵効を失わない程度の前進力を維持しその場に留まる方法。
(3) 漂ちゅう法（Lie to）
機関を停止し，波間に漂流させる方法。

問題　42　荒天時に追い波中を航行する場合の注意点について述べよ。　❷

(解答)　高い波が後方から連続して襲いかかる出会い群波現象と呼ばれる状態に陥ると，姿勢制御が困難となり，横揺れがひと揺れごとに次第に大きくなっていくパラメトリック横揺れが発生して転覆に至ることもある。

　さらにプープダウンやブローチングが発生する危険性もあるため，IMOが提供する操船ガイダンスに従い，進路の変更や減速を行うことで危険の回避に努めなければならない。

問題　43　空船航海が危険である理由をのべよ。

(解答)　**1　受風面積の増大による影響**
・風圧による傾斜モーメントが増加するため，復原性能の低下を招く。
・風圧による回頭モーメントが増加するため，保針が困難となる。
・風圧力が増加するため，リーウェイ（Lee Way）が増す。
・風圧抵抗の増加により船速が低下するため，操縦性が低下する。
2　浅喫水による影響
・空船航海では船尾トリムが大きくなるため，浅喫水に相まって，荒天中，スラミングの発生を誘発させる。
・プロペラの上部が水面上に露出するため，推進効率が低下する。荒天中では，プロペラの空転（Racing）を増大させる。
3　ボトムヘビーの影響
・一般的に空船状態では重心位置は低く，*GM* が大きいため横揺れ周期が短くなり，荷崩れを誘発したり乗り心地も悪くなる。

問題　44　空船航海に必要な船体コンディションの目安についてのべよ。

(解答)　空船航海では，耐航性や操縦性が低下するため，できるだけ喫水を増し船の安定を図る必要がある。その基準は，船型，船種，航行水域や季節に

よって異なるが，最小限度の基準として下記を目安にする。

1 排水量

夏期：夏期満載排水量の50%，冬期：夏期満載排水量の53%

2 トリム

船の長さの1〜2%の船尾とリムとする。

3 プロペラの深度

等喫水（Even Keel）になったときに，水面がプロペラボスの上縁に接する程度

――――――――――――――――――――――――――――――――― 船 体 抵 抗

[問題] **45** 航行中における船体抵抗にはどのようなものがあるか。 ❷

――――――――――――――――――――――――――――――――――――

[解答] 船が水面を走ると，水面から上の部分には空気抵抗を，水面から下の部分には水抵抗を生ずる。水抵抗は摩擦抵抗，造波抵抗及び渦抵抗に大きく分けられる。水抵抗のなかで主要なものは摩擦抵抗で，低速では水抵抗の9割程度を占める。

造波抵抗は，船が航行するときに水面に波を発生することにより生ずる抵抗で，高速になるに従い次第に増加する。

渦抵抗は船が航行するときに船体に沿って流れている水の層が後方で剥離したり，プロペラにより造られたりする渦に起因するものである。

船体抵抗 ┤ 空気抵抗（水面上）

水抵抗（水面下） ┤ 摩擦抵抗

造波抵抗

渦抵抗

第5章　船舶の出力装置

━━━━━━━━━━━━━━━━━━━━━ ディーゼル機関
問題　**1**　ディーゼル機関の作動原理についてのべよ。　❷

(解答)　空気をシリンダ内で断熱圧縮すると，圧力と温度は上昇する。この高温，高圧になったシリンダの中に燃料を霧状にして噴射すると，自然着火して爆発を起こし，圧力および温度は急上昇する。この圧力によりピストンを押し下げ，クランク軸により回転運動に換える。クランク軸の回転運動は，推進軸，中間軸，プロペラ軸を介してプロペラに伝えられる。

━━━━━━━━━━━━━━━━ 2サイクル機関と4サイクル機関
問題　**2**　2サイクルディーゼル機関と4サイクルディーゼル機関について説明せよ。　❷

(解答)　**1**　**4サイクルディーゼル機関**
　作動ピストンの4行程（クランク軸2回転）で，吸入・圧縮・膨張・排気の1サイクルを完結するディーゼル機関。
2　**2サイクルディーゼル機関**
　作動ピストンの2行程（クランク軸1回転）で，吸入・圧縮・膨張・排気の1サイクルを完結するディーゼル機関

━━━━━━━━━━━━━━━━━━━━━━ 発　電　機
問題　**3**　船の発電機にはどのようなものがあるか。またどのように配電されているか。　❸

(解答)　**1**　**発電機の種類**
　発電機は，発電機を駆動する原動機と発電機本体とにより構成され，駆動原動機の種類により以下のものがある。
・ディーゼル発電機：ディーゼル機関により駆動される発電機
・タービン（またはターボ）発電機：蒸気タービンにより駆動される発電機
・軸発電機：主機の軸に直結されて駆動される発電機

2　配　電

　交流440V または220V は，主として電動機などの動力用に用いられ，照明などの一般的な電力用には，変圧器で電圧を下げた100V が使用される。

　直流電源は，交流100V を24V または12V に変圧した上で，整流器で直流に変換して供給される。船内電源喪失時には，非常灯，航海計器，船内通信装置および必要な自動制御回路等に，船内にある非常用バッテリーから供給される。

━━━━━━━━━━━━━━━━━━━━━━━━━━━━ 主機の操縦場所

問題　4　主機の操縦場所について説明せよ。　　　　　

解答　*1*　船橋からの遠隔操縦

　出入港 S/B 時，通常航海中，狭水道航行時，輻輳海域通過時，視界不良時等において使用される。

2　機関制御室からの遠隔操縦

　トライエンジン，びょう泊中，衝突や火災などの海難発生時，機関や船橋からの遠隔操縦の不具合時等において使用される。

3　機側における手動操縦

　トライエンジン，荒天でレーシングの激しいとき，遠隔操縦装置の故障時等において使用される。

━━━━━━━━━━━━━━━━━━━━━━━━━━━━ 機　関　用　語

問題　5　機関の出力に関する下記の用語を説明せよ。
(1)　常用出力，(2)　連続最大出力，(3)　過負荷出力，(4)　後進出力　　❸

解答　(1)　常用出力：航海速力を得るために常用される出力で，機関の効率と保全上から最も経済的な出力で，連続出力の85〜95% である。
(2)　連続最大出力：機関が安全に使用できる最大の出力。
(3)　過負荷出力：連続最大出力を超え，短時間，機関が出すことが許される出力で，連続出力の101〜110% である。
(4)　後進出力：船の後進時における最大の出力で，連続出力の30〜40% である。

第6章　貨物の取扱いおよび積付け

貨物のトン数

問題 1 貨物に用いられるトン数にはどのようなものがあるか。❸

解答 **1** 重量トン
(1) ロング・トン (Long Ton)
　2240 lb（ポンド）を1トンとしたもの。（=1016.05 kg）
(2) ショート・トン (Short Ton)
　2000 lb を1トンとしたもの。（=907.18 kg）
(3) メトリック・トン (Metric Ton)
　1000 kg を1トンとしたもの。キログラム・トンとも呼ばれる。
　　　　　　　　　　　　　　　　　　　　　　　　　　　（=2204.62 lb）

2 容積トン
(1) メジャーメント・トン (Measurement Ton)
　40 ft³（立方フィート）を1トンとしたもの。（=1.133m³）

ブロークン・スペース

問題 2 ブロークン・スペース (Broken Space) とは何か。❸

解答 ブロークン・スペースは，空積または荷隙ともいわれ，貨物を船倉に積み付けた場合に生ずる，貨物相互間，貨物と船体および船倉内構造物の間の隙間のこと。貨物の寸法や形状と船倉内のそれらとの関係，貨物の通風・換気の必要性，貨物重量と甲板強度の関係等から生ずる。ブロークン・スペースの大きさ（空積率）は，下記のようにあらわされる。
(1) 船倉容積に対する割合で示す方法

$$空積率 = \frac{[積み付けた区画の船倉容積] - [貨物容積]}{[積み付けた区画の船倉容積]}$$

(2) 積み付けた貨物容積に対する割合で示す方法

$$空積率 = \frac{[\text{積み付けた区画の船倉容積}] - [\text{貨物容積}]}{[\text{貨物容積}]}$$

━━━━━━━━━━━━━━━━━━━━━━━━━━━━ 載　貨　係　数

問題　3　載貨係数（Stowage Factor：S/F）とは何か。　　　❸

[解答]　貨物1トンを積載するのに必要な容積をあらわした値で，以下のものがある。

1　重量1トンに対する載貨係数

(1)　貨物の重量1トン当たりの容積（ブロークン・スペースは含まない）

$$S \, / \, F = \frac{V_c}{W_c} \quad (V_c：\text{貨物容積}, \ W_c：\text{貨物の重量トン})$$

(2)　貨物の重量1トンを積み付けるのに必要な船倉容積（ブロークン・スペースを含む）

$$S \, / \, F = \frac{C_H}{W_c} \quad (C_H：\text{船倉容積})$$

2　容積1トンに対する載貨係数

　　貨物の容積1トンを積み付けるのに必要な船倉容積（ブロークン・スペースを含む）

$$S \, / \, F = \frac{C_H}{M_c} \quad (M_c：\text{貨物の容積トン})$$

━━━━━━━━━━━━━━━━━━━━━━━━━━━━ コンスタント

問題　4　コンスタント（Constant）とは何か。　　　❸

[解答]　コンスタントは，「不明重量」とも呼ばれ，現在の軽荷重量と船舶新造時の軽荷重量との差で，具体的には下記の累計重量をいう。

・タンク内の残水

・ビルジ，船底付着物

・新造後に付加されたペイント，セメント，鋼材，諸設備等

（船齢とともに増加する）

・その他測定できない不明重量

ロープの強度の略算式

問題　5　ロープの強度の略算式を述べよ。　

〔解答〕　新品のロープの強度は，次の式から推算できる。

$$\text{引張強さ（破断力）：} B.L. = \left(\frac{d_r}{8}\right)^2 \times k_r \quad (\text{tf})$$

（k_r：ロープの種類により定まる係数，d_r：ロープの直径（mm））

k_r を JIS により要求される最小の強度より求めると，d_r=100～10mm のナイロンロープの場合0.92～1.18となり，ロープが太い方が k_r は小さい。

ロープの強度低下

問題　6　ロープの破断力が低下する要因について述べよ。　

〔解答〕　ロープに引張荷重を付加した場合，ロープの強度以上の荷重がかかると切断し，その瞬間における荷重を破断力という。

破断力は，ロープの種類（材質及び打ち方）や太さ（索径）のほか，使用状態で異なり，以下の場合強度が低下する。

・経年劣化によるもの。

・キンクを生じた場合

・フェアリーダーやブロックのシーブ等を介して曲げ引張りの状態で使用した場合。この場合曲げ角が大きい方がその影響は大きい。

・曲げ引張りにおいて，緊張と弛みを繰り返す状態で使用した場合。

・スプライス加工を施した場合。この場合の強度低下は加工技術が未熟なほど大きい。

・結び目がある場合。

キ　ン　ク

問題　7　ロープのキンクとは何か。　

〔解答〕　キンクとはロープがねじれと緩みを同時に受けた場合に生じた局部的な曲がりやよりの乱れ等の形崩れをいう。キンクが生じるとたとえ外見上は元に戻ったように見えても，強度は大きく低下する。キンクは以下のような取り扱いが原因で生ずる。

・水平に置かれたコイル状のロープを横引きするなど，ロープの解き方が悪い場合。

・ロープがしごかれて，よりの長さ（ピッチ）が変化した場合。

固体ばら積み貨物の性質
[問題]　**8**　固体ばら積み貨物の一般的性質について述べよ。

(解答)　固体ばら積み貨物とは，穀類，塩，鉱石，石炭等で，包装されずにばら状で運送される貨物をいう。一般的に以下の性質を有しており，船舶の復原性に悪影響を及ぼすので注意が必要である。

(1)　移動性

ばら積みされた穀類や微粉鉱石等の粒粉状貨物は，運送中の船体動揺や傾斜により移動しやすい。移動性の難易は，「静止角（Angle of Repose）」の大小がその判定の目安となる。静止角とは，粉状物を上方より自然落下させた場合，その堆積の斜面が水平面となす角をいい，これが小さい方が移動しやすい。安息角（Rest Angle）とも呼ばれる。

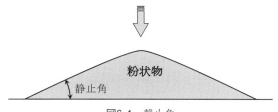

図6.1　静止角

(2)　沈下性

穀類等は，航海中の動揺や振動により，積み込み当初より2〜5％程度沈下して上部に空隙ができ，貨物が移動できる空間を生じる。

(3)　液状化の危険性

浮遊選鉱により得られる精鉱やその他の水分を含んでいる物資は，船積みされるときは比較的乾燥したように見えるが，積荷の荷重と船体の振動で上面に水分が分離し軟泥状となる。

(4)　化学的な危険性

ばら積みした場合のみ，その貨物の有する化学的危険性が生じるものがある。具体的には，石炭は酸化作用により自然発熱しメタンガスも発生する。またリン鉄は水と反応して毒性ガスを放出する等である。

──────────────────────────────────── 石油ガスの許容濃度

問題 **9**　人体に影響を及ぼす石油ガスの許容濃度について述べよ。

（解答）　石油ガスには人体に対して有害な種々の有毒成分が含まれており，それぞれの成分ごとに許容濃度が定められている。

　　許容濃度とは，労働者が1日8時間，1週間40時間程度，肉体的に激しくない労働強度で有害物質に曝露される場合に，当該有害物質の平均曝露濃度がこの数値以下であれば，ほとんどすべての労働者に健康上の悪い影響が見られないと判断される濃度をいう。具体的数値として日本産業衛生学会の勧告がある。

──────────────────────────────────── 石油ガスの爆発範囲

問題 **10**　爆発上限界（UEL），下限界（LEL）とは何か。

（解答）　石油類の燃焼および爆発は，炭化水素の気化によって発生したガスに引火することにより生じるが，石油ガスが一定範囲の濃度にある場合にのみ発生する。その上限濃度を「爆発上限界（UEL）」といい，下限濃度を「爆発下限界（LEL）」という。

　　石油ガスと空気との混合ガスの場合，容積比でUELが約10%，LELは約1%である。

──────────────────────────────── イナートガス・システム

問題 **11**　タンカーのイナートガス・システム（IGS）とは何か。IGS使用時の酸素濃度についてのべよ。

（解答）　イナートガス（不活性ガス）とは酸素と化合しない気体のことをいう。IGSは，カーゴタンク内へイナートガスを注入して，石油ガスと空気との爆発性混合気体と置換することにより，タンク内部を酸欠状態に保持し，たとえ発火源が存在してもタンクの爆発・火災が発生することを防止する装置である。船内ボイラーの排気ガスまたは専用のイナートガス発生装置によるガスがイナートガス源として利用されている。

　　酸素濃度（容積比）が5%以下のイナートガスを供給できるものでなければならず，貨物タンク内の雰囲気は，常時，酸素濃度8%を超えず，正圧を

維持できるものでなければならない。

——————————————————————————————————————— A　P　I　度
問題 **12** API とは何か。

解答 American Petroleum Institute（アメリカ石油協会）で制定した比重表示法である「API 度」のことを指す。API 度と比重60/60°F との関係は以下の通り。

$$API 度 = \frac{141.5}{比重60/60°F} - 131.5$$

〔注〕　比重60/60°F：60°F における試料（油）の質量と，同温度における等体積の純水の質量との比

——————————————————————————————————— プレッシャーサージ
問題 **13** プレッシャーサージ（Pressure Surge）とは何か。

解答 タンカー等のパイプラインにおいて，バルブの急速な閉鎖やポンプの急停止により，パイプ内を流れる液体の流速が急激に変化した場合，パイプ内圧力がその箇所で過渡的に常圧をはるかに超える圧力にまで上昇する現象をいう。これによって生じた強い圧力波は，音速で逆方向に液体内を伝搬し，その結果以下のような事故を発生させる。
・陸上あるいは本船のパイプおよび付属品の破損
・船と陸とのコネクション部のホースやローディングアームの破裂
・パイプのズレや接合部からの漏油

——————————————————————————————— 原油の積高算出方法
問題 **14** 原油の積高算出方法をのべよ。

解答 各タンクのアレージを計測して，タンクテーブルから積載容積を求める。原油は温度により容積が大きく変化するため，ASTM（American Society for Testing and Materials）PETROLEUM MEASUREMENT TABLES（通称「ASTM テーブル」）から各種の換算係数を求め，60°F における容積（Barrel），重量（Long Ton および Metric Ton）を算出する。なお積高の算出に当たっては，アレージ計測の他，検温，検水，トリムおよびヒールの計

測，積荷の API（60°F における値）等が必要である。

───────────────────────────── 原油タンカーの積荷航海中の作業
問題 **15**　原油タンカーがペルシャ湾から日本の揚地に到着するまでの積荷
航海中，どのような作業を行うか。

──

解答　積荷航海（Laden Voyage）中には，以下の作業が行われる。
- バラストタンクの内検
- カーゴタンクの検水
- COW（原油洗浄）ライン，カーゴラインの加圧テスト
- カーゴポンプおよびストリッピングポンプの作動テスト
- COW マシンの作動テスト
- イナートガス・システムの点検および整備
- カーゴタンク内圧力の管理
- アレージのチェック
- 流出油防除部署操練の実施
- タンク内酸素濃度の測定
- ダブルハルスペースのガス検知

───────────────────────────────── 原 油 洗 浄
問題 **16**　原油洗浄（COW）とは何か。

──

解答　原油洗浄（Crude Oil Washing：COW）は，原油タンカーの揚げ荷役
中に，貨油の一部を固定式洗浄マシンから高圧力でカーゴタンク内に噴射し，
タンク内に付着している原油残留物（スラッジ）を溶解させて，貨油ととも
に揚げ荷する作業をいう。
原油洗浄には次のような利点がある。
- 残油量の減少
- 海洋の油濁防止
- 積高の増加
- 入渠前のタンク・クリーニング作業量の軽減
- タンクの防食効果

問題 17 タンカーの荷役における注意点について述べよ。

(解答) タンカー以外の船における荷役は、ステベドアと呼ばれる荷役業者によって行われる。その場合、船の乗組員は荷役作業の監督と安全の確保が主な業務であるのに対し、タンカーの場合は荷役作業自体もその船の乗組員が中心となって行う。荷役は荷主の専用岸壁又は専用の施設で行われるため、作業に当たっては危険物船舶運送及び貯蔵規則等の法令遵守に加え、各ターミナルの規則にも従う必要がある。さらにターミナル側荷役関係者と十分な意思疎通を図り、安全性の確保に努めなければならない。具体的には下記の危険性に十分注意すること。

　・火災・爆発の危険性
　・人体に対する毒性
　・海洋汚染・大気汚染の危険性

第7章 非常措置

問題 1 衝突した場合の処置についてのべよ。

解答 他の船舶と衝突した場合，互いに人命と船体の救助に必要な手段を尽くさなければならず，一般的には以下の処置をとる。なお，安全管理手引書（SMS マニュアル）がある場合にはそれに従う。

(1) 船橋における初期対応
　・事故の発生を，船内へ周知する。
　・状況が許す限り機関を停止する。
　・安全通信または緊急通信を発信する。
　・夜間等必要な場合は，甲板上の照明を点灯する。
(2) 状況把握と応急処置
　・本船の損傷箇所および損傷程度を調査し，損害の拡大防止に努める。
　・浸水，油流出，火災発生の有無を調査し，損害の拡大防止に努める。
(3) 相手船との情報交換
　・相手船へ本船情報（船名，船主名，船籍，仕出港，仕向港）を通知するとともに，相手船情報についても収集する。
(4) 会社等への報告
　・事故の発生および状況等について会社へ報告し指示に従うとともに，海上保安等の関係機関にも通報する。
(5) 事故状況の記録と保管
　・衝突前および衝突時の本船の状況および対処行動，相手船の状況，周囲の状況，人命救助の有無等を記録し，証拠となる諸記録を保管する。
(6) 緊急事態の判断と処置
　・損傷程度や損傷箇所から見て，急迫した危険があると判断される場合は，総員退船部署の発令および救助要請を行う。
(7) 相手船に対する処置
　・相手船の衝突前の行動，損害状況を把握し，救助の必要性がある場合は対

処する。

・相手船に対し現認書を差し出し，船長の署名を取り付ける。相手船から現認書に署名を求められた場合は，社内規定に従い対処する。

座礁時の処置

問題　**2**　座礁した場合の処置についてのべよ。

解答　座礁した場合は十分な状況把握を行い，船体損傷の拡大や油流出等の二次災害の防止，機関および推進器の保護に万全を期し，必要に応じて離礁の措置をとらなければならない。なお，安全管理手引書（SMS マニュアル）がある場合にはそれに従う。

(1)　船橋における初期対応

・事故の発生を，船内へ周知する。

・機関を停止する。

・安全通信または緊急通信を発信する。

・夜間等必要な場合は，甲板上の照明を点灯する。

・海上衝突予防法に定める灯火・形象物を表示する。

(2)　状況把握

・海底との接触箇所および範囲，本船姿勢等の座礁状況を把握する。

・喫水，トリム，タンクコンディション，機関，舵および推進器の状況を確認する。

・本船および積荷の損傷箇所および損傷程度を調査する。

・浸水および油流出の有無を調査し，発生場所並びにその程度を把握する。

・水深，底質，海底の起伏等の地理的状況や，潮汐，天候，風および波浪等の環境条件を把握する。

(3)　応急処置

・外板が損傷し浸水がある場合は，当該区画の防排水作業と隣接区画の補強を行い，浸水の拡大防止に努める。

・復原力確保のため，浸水区画の排水，積荷や燃料およびバラストの移動，積荷やバラストの投棄等の措置を必要に応じて講じる。

・船外への油流出がある場合，関係機関に速やかに連絡するとともに，流出油の拡散防止と引き続く流出の防止に努める。

・自力離礁の可能性があると判断した場合は，その準備を行う。

・波浪による動揺のため船体損傷が拡大するおそれがある場合は，適切な方
法により船固めを行う。
(4)　会社等への報告
・事故の発生および状況等について会社へ報告し指示に従うとともに，海上
保安等の関係機関にも通報する。
(5)　事故状況の記録と保管
・座礁直前までの本船位置，針路，機関の使用や測深状況等が把握できる諸
記録を整理・保管する。
・座礁後の対応，損傷状況等を記録し諸記録を保管する。
(6)　緊急事態の判断と処置
・損傷程度や損傷箇所，座礁状況から見て，急迫した危険があると判断され
る場合は，総員退船部署の発令および救助要請を行う。

━━━━━━━━━━━━━━━━━━━━━━━━━━━━━━━ 消　火　作　業

問題　**3**　火災発生時の消火作業についてのべよ。

───

解答　消火作業は，単に火を消すだけではなく，人命の安全確保，延焼の防
止，換気・排煙作業，鎮火の確認と再発防止，被害状況の調査を含む一連の
作業をいい，すべてを通して作業に従事する者の安全が図られなければなら
ない。
(1)　初期消火
　火災発生を船内に知らせるとともに，至近にある持ち運び式消火器等により
初期消火に努める。
(2)　防火部署の発令
　初期消火が成功しなかった場合，防火部署を発令し本格消火に移る。
(3)　人命救助および本格消火
　a. 火災現場その他危険区域に取り残された生存者の救助を最優先で行う。
　b. 火災現場を局限するため，下記の要領で延焼防止に努める。
　　・居住区域，業務区域の火災：開口部の閉鎖，換気装置の停止および閉鎖，
　　　火災場所周辺の冷却，可燃物の移動
　　・貨物区域の火災：火災場所周辺の冷却および遮蔽
　　・機関区域の火災：火災場所周辺の冷却，高温ガスおよび煙の排出
　c. 感電防止のため，火災現場の電源を遮断する。

  d. 可燃物の種類，火災場所，燃焼面積，装備されている消火装置および消火
   剤から判断して，適切な方法を選び消火する。なお，航行中の場合は，火
   災現場が風下舷になるように操船する。

(4)　鎮火の確認と事後処理

  a. 火勢が衰え，鎮火したと判断される場合は，火災区画の十分な温度低下を
   待ち，排煙および通風換気を行い現場の安全性が確認された後，鎮火確認，
   火元探索および被害状況の調査を行う。

  b. くすぶっている可燃物は完全に消火する等，適切に処理し，再発火を防止
   する。

――――――――――――――――――――――――――――――― 火 災 制 御 図

問題　4　火災制御図は，どのように備えなければならないか。

（解答）　火災制御図（Fire Control Plan）は，船舶において火災が発生した場
合に，消火作業を行う船舶職員の手引きとするため，「船舶の防火構造の基
準を定める告示」に定める事項を明示したもので，甲板ごとに，制御場所，
A 級または B 級仕切りで囲まれた場所，消防設備や通風装置，区画室等へ
の出入設備の詳細，非常脱出用呼吸器の配置等について記載されている。

  火災制御図は，船内の適当な場所に恒久的に掲示しなければならず，また，
ターミナルやバース着桟中に陸上の消防要員の助けとするために，甲板室の
外部の明りょうに表示した風雨密の入れ物に恒久的に格納しておかなければ
ならない。

――――――――――――――――――――――――――――― ウィリアムソン・ターン

問題　5　ウィリアムソン・ターンについて説明せよ。　　　　❷

（解答）　海中転落が発生した場合に，転落者の位置まで戻るための操船方法
で，以下の手順で操船する。

1）転落舷に一杯転舵し，原針路から60°回頭したときに反対舷に一杯転舵する。

2）原針路に対する反方位の約20°手前で舵中央とし，回頭惰力を抑えて反方
 位に定針させつつ減速する。

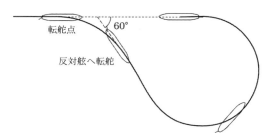

図7.1 ウィリアムソン・ターン

第8章 医　　療

問題 1 国土交通省監修「日本船舶医療便覧」を船舶に備え置くことを義務づけている法規名をあげよ。

解答 船員法施行規則第54条に規定されている。

問題 2 「日本船舶医療便覧」には，どのようなことが記載されているか。

解答 船内の保健衛生を向上させるため，船内で発生しやすい疾病の予防法，疾病の症状，応急手当による治療法，無線通信による医療相談の方法，「船員法施行規則第53条第1項に掲げる船舶に備え付ける医薬品その他の衛生用品の数量を定める告示」に規定されている医薬品や衛生用品に関する知識等について記載されている。

問題 3 医療上の援助を受ける場合，国際信号書をどのように利用すればよいか。

解答 医師の乗船している船や陸上の医療機関等から医療上の援助を受ける場合，国際信号書第3編医療部門を利用する。第3編医療部門は，「第1章 指示事項」「第2章 医療援助の要求」「第3章 医療助言」そして「補足語表」からなる。

　交信に当たっては，なるべく平文を用いるのがよいが，その場合，信号書の通信文を用いることにより相互の理解を容易にする。平文による交信が困難なときは，信号書にある信号を用いることになる。医療部門の信号は，Mで始まる3字信号で，医療全般に渡る通信がほぼ網羅されている。

第9章　捜索および救助

問題　1　国際航空海上捜索救助手引書（IAMSAR マニュアル）とは何か。

〔解答〕　IAMSAR（International Aeronautical and Maritime Search and Rescue）マニュアルは，航空と海上での捜索救助活動のより一層の調和を図るため，IMO（国際海事機関）と ICAO（国際民間航空機関）が合同で作成した捜索救助に関するガイドラインで，次の3巻からなる。

　　第Ⅰ巻：組織および管理

　　第Ⅱ巻：活動調整

　　第Ⅲ巻：移動施設

　第Ⅲ巻には，捜索救助に関する具体的な指針が示されており，船舶，航空機および救助隊に搭載されることを意図している。その主な内容は以下の通り。

　（1）　SAR システムの概要

　（2）　援助の提供

　　　　初期行動，捜索作業，訓練

　（3）　現場における調整

　　　　捜索救助活動の調整，捜索の計画作成および実施，捜索の終了

　（4）　船舶および航空機の緊急事態

〔注〕　船舶設備規程第146条の3の規定により，国際航海に従事する総トン数150トン未満の船舶，国際航海に従事しない総トン数500トン未満の船舶および平水区域を航行区域とする船舶以外の船舶には，第Ⅲ巻を備え付けなければならない。

第10章　船位通報制度

問題　**1**　船位通報制度について述べよ。

解答　遭難船舶や医療援助を求めている船舶に対して，迅速に捜索救助活動を行うためには，船舶の動静を把握しておく必要がある。船位通報制度は，SAR 条約（1979年の海上における捜索及び救助に関する国際条約）に基づき，航海中の船舶が，自船の航海計画や最新の位置を一定の手順にしたがって海上保安機関に通報するもので，その情報はコンピューターで管理される。海難等が発生した場合は，巡視船艇等が現場へ到着するまでに時間を要する場合でも，付近を航行中の船舶を検索し，救助の協力を要請することにより，迅速な救助を可能にするシステムである。

　日本及び近隣諸国における船位通報制度として以下のものがある。

・日本 : JASREP

・アメリカ : AMVER

・オーストラリア : MASTREP

・中国 : CHISREP

・韓国 : KOSREP

・インド : INSPIRES

海技士国家試験・受験と免許の手引

（小型船舶操縦士を除く。）

◆受験手続◆

1．受験資格

① 年齢

　筆記試験に年齢制限はない（ただし、海技士（通信）及び海技士（電子通信）のみ、試験開始日の前日までに17歳9月の年齢に達していること。）。なお、免許は18歳にならないと与えられない。

② 乗船履歴（筆記試験のみ受験する場合は不要）

（イ）試験の種別により異なるが、次のいずれかに該当していること。

　(a) 一般の乗船履歴による場合は、船舶職員及び小型船舶操縦者法施行規則（以下「規則」という。）の別表第5に規定された乗船履歴を有すること。

　(b) 海事関係大学（水産大学校及び海上保安大学校本科を含む。）・高等専門学校・高等学校の卒業者の場合は、規則別表第6に規定された単位数を取得し、及び乗船履歴を有すること。

　(c) 海技教育機構、海上保安大学校特修科、海上保安学校の卒業者又は修了者は、規則第27条及び第27条の3に規定された乗船履歴を有すること。

（ロ）乗船履歴として認められない履歴

　(a) 15歳に達する前の履歴

　(b) 試験開始期日前15年を超える前の履歴

　(c) 主として船舶の運航、機関の運転又は船舶における無線電信若しくは無線電話による通信に従事しない職務の履歴（三級海技士（通信）試験又は四級海技士（電子通信）試験に対する乗船履歴の場合は除く。）

2．受験申請書の提出期間

① 定期試験

　試験開始期日の35日前（2月の定期試験は40日前）から15日前まで（口述のみ受験する場合は前日まで）

② 臨時試験

　試験地を管轄する地方運輸局等にそのつど掲示される。

3．試験を申請するとき提出する書類

① 海技試験申請書、海技士国家試験申請書（二）

② 写真2葉（申請前6月以内に脱帽し、上半身を写した台紙に貼らないもので、裏面下半分に横書きで氏名及び生年月日を記載したもの）

③ 戸籍抄本、戸籍記載事項証明書又は本籍の記載のある住民票の写しのいずれか（海技士にあっては、海技免状の写しをもって代えることができる。）

④ 海技士は、海技免状又はその写し（その写しには、正本と照合した旨の地方運輸局又はその運輸支局（海事事務所を含む。）の証明が必要。⑤及び⑦の「写し」も同じ。）

⑤ 海技士（通信）又は海技士（電子通信）の資格についての試験を申請する者は、無線従事者免許証及び船舶局無線従事者証明書又はその写し

⑥ 受験票

⑦ 乗船履歴の特則の適用を受ける海事関係学校の卒業者又は修了者は、卒業証書又はその写し、卒業証明書、修了証書又はその写し、修了証明書のいずれか

⑧ 乗船履歴の項（イ）(b)に該当する学校の卒業者の場合は、修得単位証明書

⑨ 乗船履歴の証明書（次のいずれかに該当するもの）

（イ）船員手帳又は地方運輸局長の船員手帳記載事項証明

（ロ）船員手帳を失い、又はき損した者が官公署の船舶に乗り組んだ履歴については、その官公署の証明。官公署以外の船舶に乗り組んだ履歴については、船舶所有者又は船長の証明

（ハ）船員手帳のない者が船舶に乗り組んだ場合も前記（ロ）と同様

（ニ）前記（ロ）又は（ハ）の場合であって船舶所有者又は船長が乗船履歴を証明する場合は、さらに、船舶検査手帳の写し、漁船の登録の謄本、市町村長の証明書のうち、いずれか

（ホ）自己所有の船舶又は自分が船長である船舶に乗り組んだ履歴については、（ニ）の他に、その船舶に乗り組んだ旨の係留施設の管理者等又は他の船舶所有者の証明若しくは居住地の市町村長の証明

⑩ 海技士身体検査証明書（指定医師（船員法施行規則第55条第1項に規定する指定医師をいう。詳細は国土交通省ＨＰ（http://www.mlit.go.jp/maritime/maritime_fr4_000009.html）又は各地方運輸局に問い合わせること）により試験開始期日前6月以内に受けた検査結果を記載したもの）

⑪ 身体検査合格者で身体検査の省略を受けようとする者は、合格証明書

⑫ 筆記試験にすでに合格しているものは、筆記試験合格証明書

⑬ 筆記試験の科目免除を受けようとする者は、その試験科目の筆記試験免除科目証明書

⑭ 登録船舶職員養成施設の課程を修了し、学科試験の免除を受けようとする者は、その養成施設の発行した修了証明書

⑮ 納付書（各種手数料の額に相当する額の収入印紙を貼付する。）（収入印紙に消印をしないこと。）

4．申請書提出先

　試験を受ける地を管轄する地方運輸局（運輸監理部を含む。）の船員労働環境・海技資格課又は海技資格課（沖縄の場合は、沖縄総合事務局船舶船員課）

(2023.7)

〈地方運輸局等所在地〉

北 海 道 運 輸 局	札幌市中央区大通西 10
東 北 運 輸 局	仙台市宮城野区鉄砲町 1
関 東 運 輸 局	横浜市中区北仲通 5 の 57
北陸信越運輸局	新潟市中央区美咲町 1 の 2 の 1
中 部 運 輸 局	名古屋市中区三の丸 2 の 2 の 1
近 畿 運 輸 局	大阪市中央区大手前 4 の 1 の 76
神戸運輸監理部	神戸市中央区波止場町 1 の 1
中 国 運 輸 局	広島市中区上八丁堀 6 の 30
四 国 運 輸 局	高松市サンポート 3 番 33 号
九 州 運 輸 局	福岡市博多区博多駅東 2 の 11 の 1
沖縄総合事務局	那覇市おもろまち 2 の 1 の 1

5. 試験の期日及び場所

〈定期試験〉

試験期日	試　験　場　所
年 4 回、各一ヶ月程度の期間で実施 2 月　1 日〜 4 月 10 日〜 7 月　1 日〜 10 月　1 日〜	札幌市、仙台市、横浜市、新潟市、名古屋市、大阪市、神戸市、広島市、高松市、福岡市、那覇市

〈臨時試験〉

そのつど地方運輸局に公示される。

6. 試験の手数料 （2023（R5）.4.1 現在）

試験の種別	身体検査	学科試験	
		筆記	口述
一級海技士（航海） 二級海技士（航海） 一級海技士（機関） 二級海技士（機関）	円 870	円 7,200	円 7,500
三級海技士（航海） 三級海技士（機関）	870	5,400	5,500
四級海技士（航海） 五級海技士（航海） 四級海技士（機関） 五級海技士（機関）	870	3,500	3,700
六級海技士（航海） 六級海技士（機関）	870	2,400	3,000
一級海技士（通信） 一級海技士（電子通信） 二級海技士（電子通信） 三級海技士（電子通信）	870	5,000 ※	—
二級海技士（通信）	870	3,400	—
三級海技士（通信） 四級海技士（電子通信）	870	2,700	—

※　外国で受験する場合は 6,900 円を加算する。

◆合格後の手続◆

（免許の申請）

　海技免状の交付を受けるためには、口述試験（通信又は電子通信の場合は筆記試験）等の最終試験に合格した後、免許申請手続をしなければなりません。

1. 申請書類の提出先

　最寄りの地方運輸局又は運輸監理部（指定運輸支局及び指定海事事務所も可。沖縄の場合は沖縄総合事務局）

2. 申請書類の提出期間

　試験に合格した日（最終試験に合格した日）から 1 年以内。この期間を過ぎると免許の申請はできなくなり、合格は無効となります。

3. 申請に必要な書類（提出書類）

① 　海技免許申請書
② 　海技免状用写真票（試験申請時と同じ規格の写真を貼付し、氏名欄のうち 1 欄はローマ字でサイン）
③ 　試験を受けた地の地方運輸局以外の地方運輸局に申請する場合は、海技士国家試験合格証明書
④ 　三級海技士（航海）、三級海技士（機関）、一級海技士（通信）又はこれらより下級の資格の免許を申請する場合は、免許講習の課程を修了したことを証明する書類（規則第 3 条の 2 の規定により修了することを要しないとされた者を除く。）
⑤ 　二級海技士（航海）、二級海技士（機関）、又はこれらより下級の資格の免許を申請する者（すでに履歴限定が解除されている者を除く。）は、その者の有する乗船履歴の証明書
⑥ 　（登録免許税）納付書
　納付書に、下記の額に相当する額の収入印紙又は領収証書（登録免許税を国庫納金した銀行又は郵便局のもの）を貼って提出する。なお、収入印紙には消印をしないこと。

免　許　の　資　格		登録免許税の額
一級海技士（航海）	一級海技士（機関）	15,000 円
二級海技士（航海）	二級海技士（機関）	} 9,000
三級海技士（航海）	三級海技士（機関）	
四級海技士（航海）	四級海技士（機関）	4,500
五級海技士（航海）	五級海技士（機関）	3,000
六級海技士（航海）	六級海技士（機関）	2,100
一級海技士（通信）	一級海技士（電子通信）	} 7,500
	二級海技士（電子通信）	
	三級海技士（電子通信）	
二級海技士（通信）		6,000
三級海技士（通信）	四級海技士（電子通信）	2,100

（注）　資格には、船橋当直限定、機関当直限定及び内燃機関限定のものを含む。